Valentin Toptikov
Tatyana Aleksyeyeva
Oleg Kovtun

Enzimas hidrolíticas do sistema digestivo de Rapana venosa

Valentin Toptikov
Tatyana Aleksyeyeva
Oleg Kovtun

Enzimas hidrolíticas do sistema digestivo de Rapana venosa

ScienciaScripts

Imprint

Cover image: www.ingimage.com

This book is a translation from the original published under ISBN 978-613-4-90809-2.

Publisher:
Sciencia Scripts
is a trademark of
Dodo Books Indian Ocean Ltd. and OmniScriptum S.R.L publishing group

120 High Road, East Finchley, London, N2 9ED, United Kingdom
Str. Armeneasca 28/1, office 1, Chisinau MD-2012, Republic of Moldova, Europe
Printed at: see last page
ISBN: 978-620-8-09436-2

CONTEÚDO

INTRODUÇÃO

Uma monitorização adequada do ambiente exige estudos exaustivos dos estilos de vida de todos os seus habitantes. Atualmente, *a Rapana venosa* (Valenciennes, 1846) (Gastropoda: Neogastropoda: Muricidae) dá um grande contributo para a ecologia do Mar Negro. Este molusco predador da Ásia Oriental apareceu no Mar Negro em 1947 *[Драпкин,* 1953]. Devido à alta adaptabilidade desta espécie e à ausência de inimigos (como a estrela-do-mar), restringindo sua população em casa *[Чухчин*, 1970; *Zolotarev*, 1996; *Mann, Harding*, 2003; *Гаевская*, 2006; *Заика и др*., 2010], bem como uma boa base alimentar [*Чухчин,* 1984; *Zolotarev*, 1996; *Кантор*, 2003; *Savini, Occhipinti- Ambrog*, 2006; *Шадрин, Афанасова*, 2009], o búzio rapa enraizou-se com sucesso num novo habitat. Este molusco levou apenas uma década antes do final dos anos 60 do século XX para se reinstalar em todo o Mar Negro [*Zolotarev*, 1996; *Snigirov et al.*, 2013]. A extrema adaptabilidade e plasticidade da *Rapana* são comprovadas pela sua reinstalação em diferentes regiões do Oceano Mundial [*International*..., 2004]. O búzio Rapa destruiu quase completamente as populações naturais de ostras e reduziu substancialmente o número de povoamentos de mexilhões em muitas regiões do mar Negro.

Sabe-se que a carne *das* principais fontes de presas da *Rapana* (ostras e mexilhões) no Mar Negro contém todos os componentes alimentares essenciais - proteínas, gorduras e hidratos de carbono *[Химический.* 1987]. Portanto, para a digestão eficaz e adequada no búzio de rapa deve haver um conjunto adequado de enzimas hidrolíticas. *A* morfologia, anatomia e especialmente a ontogenia *da Rapana* têm sido amplamente estudadas [*International*., 2004], mas o número de trabalhos sobre fisiologia, bioquímica e genética deste molusco é extremamente reduzido. Não foi possível encontrar na literatura disponível informações detalhadas sobre o funcionamento do sistema digestivo *da Rapana*. Estes trabalhos são principalmente dedicados à determinação da composição química do corpo do molusco e ao cálculo da acumulação de matéria seca, glicogénio e energia. Há uma série de trabalhos que mostram a presença de principalmente todos os grupos conhecidos de enzimas hidrolíticas de moluscos, algumas de suas propriedades, seu papel na atividade vital dos animais, em particular sob a influência de tóxicos, e a quantidade relativa de vários grupos de hidrolases no *corpo* dos moluscos *[Канцерова, 2011; Конин, 2011;. Литвинова, 2009; Пивненко, 1998].* No entanto, os seus autores estudaram outros gastrópodes e bivalves e, na sua maioria, ao nível de um órgão individual ou de um organismo inteiro. Alguns estudos estão focados em aspetos da filogenética *da Rapana* [*Chandler et al.*, 2008; *Shanmei et al.,* 2011, 2012]] e na expressão de alguns genes nos tecidos dos moluscos [Hao Song et al., 2016c, 2016d, 2017]. Atualmente, a localização de produtos químicos básicos nos tecidos dos moluscos tem sido bem detalhada na literatura e algumas caraterísticas morfológicas e fisiológicas comuns de vários órgãos e sistemas de funcionamento do búzio rapa foram identificadas [*Студеникина, Фроленко,* 2002; *Михаилов, Литвиненко,* 2003*; Гаевская*, 2006; *Саенко*, 2008; *Hao Song et al., 2016a, 2016b*]. No entanto, a maioria dos aspetos genéticos e bioquímicos destes sistemas, incluindo o sistema digestivo, praticamente não foram estudados. A este respeito e tendo em conta o importante papel do búzio rapa na ecologia moderna do Mar Negro, o objetivo do presente trabalho é estudar o polimorfismo e os padrões de expressão das principais hidrolases em diferentes partes do sistema digestivo *de Rapana*.

♦♦♦♦♦♦♦♦♦

MATERIAL E MÉTODOS

Recolha e tratamento dos moluscos. As unidades populacionais de *Rapana venosa* foram colhidas manualmente por mergulhadores perto da Fonte Pequena no Golfo de Odessa (46° *28′ 0″* N, 30° *46′ 0″* E), a 50 metros da costa, a uma profundidade de 5-7 m. Para estudar o sistema digestivo dos búzios de Rapana ven*osa* activos, estas amostras foram colhidas em agosto, setembro e início de outubro de 2012, em cinco ocasiões independentes. A atividade e a distribuição das enzimas nas glândulas digestivas dos moluscos em condições de repouso invernal foram examinadas em amostras recolhidas em janeiro de 2013 na mesma zona aquática. As amostras de moluscos foram imediatamente congeladas a -28 °C e armazenadas neste estado até à análise. Foram selecionados para estudo indivíduos maduros com uma altura de concha de 65 a 85. O corpo mole dos búzios da rapa foi dissecado após uma ligeira descongelação. As seguintes partes do sistema digestivo foram recolhidas para análise (Fig. 1): glândulas salivares (faríngeas), glândulas salivares acessórias, corpo de Leiblein (órgão em forma de pera) juntamente com a parte adjacente do esófago, glândula carmesim juntamente com a parte adjacente do esófago, glândula de Leiblein, hepatopâncreas (glândula digestiva, fígado).

O material acumulado do mesmo órgão de 6-10 amostras de homens e mulheres, colhidas em proporções iguais, foi utilizado para análise.

Preparação das amostras, eletroforese. Os tecidos foram homogeneizados em tampão de extração com a seguinte composição: 0,05 M *Tris-HCl* (pH 6,8), 0,01% ditiotreitol, 0,01% ácido ascórbico, 0,01% EDTA sódico, 1% Triton X-100, sendo a proporção tecido : tampão (peso mg : volume μL) de 1 : 1. As amostras trituradas diretamente em tubos de centrifugação foram submetidas a congelação-descongelação 3-5 vezes e depois centrifugadas no frio (+4 °C) durante 20 minutos a 10 000 g. Ao sobrenadante foram adicionados três volumes de acetona refrigerada (-28 °C). O precipitado proteico foi obtido por centrifugação nas condições acima referidas e tratado durante a noite com butanol arrefecido a +2- +4 °C. Após centrifugação, o material foi seco durante vários dias a -28 °C e depois à temperatura ambiente durante 2-4 horas.

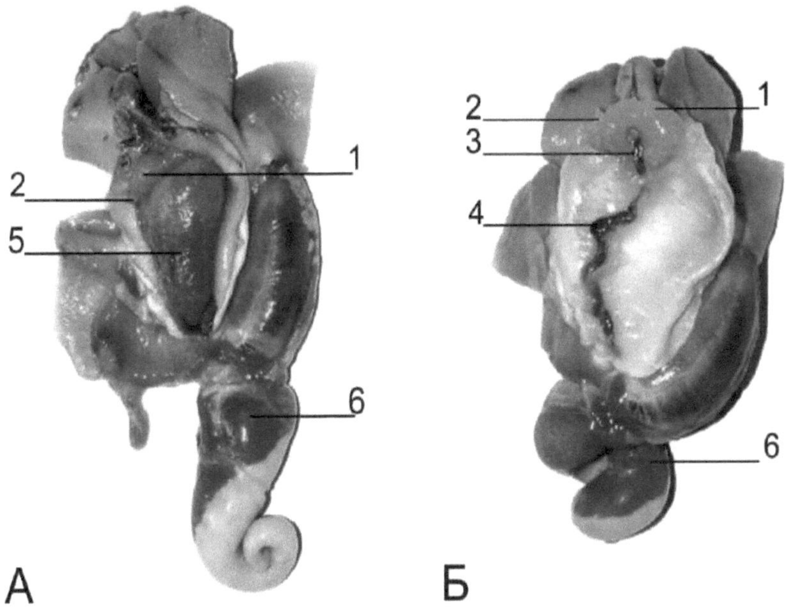

Figura 1. Porções do sistema digestivo de *Rapana*, que foram utilizadas para análise: 1 - glândulas salivares, 2 - glândulas salivares acessórias, 3 - corpo de Leiblein com esófago, 4 - glândula carmesim com esófago, 5 - glândula de Leiblein, 5 - hepatopâncreas; A - cavidade do manto revelada, manto desviado para o lado, B - glândula de Leiblein removida

O precipitado foi dissolvido em tampão de extração 1 : 1 (tecido original mg : solução µL) suplementado com 15% de sacarose e uma pequena quantidade de azul de bromofenol. A eletroforese nativa vertical foi realizada à temperatura ambiente em placas de gel com 130 × 110 × 1 mm, num aparelho VE-4M (Helicon, Rússia). A distribuição das proteínas foi efectuada no sistema de Davis [*Davis, 1964*] com ou sem a utilização de gel de empilhamento em PAGE a 10% (no estudo da atividade proteolítica) e a 7,5% do gel (no estudo de outras enzimas). A eletroforese foi efectuada a 15 mA e 110 V até que a frente do corante se deslocasse do início para uma distância de cerca de um terço do gel, após o que a potência e a tensão foram aumentadas para 30 mA e 260 V. A eletroforese demorou 4 a 5 horas. Uma vez que os diferentes tecidos tinham uma atividade enzimática diferente, foram adicionadas quantidades de material de partida determinadas experimentalmente, o que permitiu detetar enzimas nos electroforgramas, mesmo em amostras não suficientemente activas.

Para padronizar os dados de várias repetições biológicas, decidiu-se utilizar as mesmas condições de separação electroforética, valores constantes de concentrações de reagentes, temperatura e tempo de processamento dos géis para a deteção de enzimas.

Deteção da atividade enzimática. As enzimas nos géis foram detectadas de acordo com as recomendações estabelecidas em vários estudos [*Burstone,* 1962*; Manchenko,* 2003*; Pena et al.,* 2006], com algumas modificações.

A atividade *proteolítica* (E.C. 3.4.21.- - 3.4.24.-) foi determinada pela clivagem da gelatina. Para este efeito, foi adicionada gelatina à solução de poliacrilamida na concentração máxima de 0,1% durante a sua polimerização [*Pena et al., 2006*]. Após a conclusão da eletroforese, os géis foram incubados num tampão a 26-28 ° C durante 18 horas. Foram utilizados dois sistemas tampão; um para as proteinases ácidas, tampão de acetato de sódio 0,1 M pH 4,6h, e outro para as proteinases alcalinas, tampão de fosfato de potássio 0,01 M *pH* 7,8. Uma vez que os iões de cálcio são activadores da maioria das proteinases conhecidas, adicionou-se CaCl2 ao meio até à concentração final de 1 mM. Após incubação, os géis foram lavados com água destilada e mantidos durante a noite na solução de *Coomassie R 250* a 0,1% preparada na mistura de isopropanol e ácido acético a 9% (1:1). Em seguida, os géis foram lavados sem corante em ácido acético a 9%. Nas localizações das proteinases, observámos o desvanecimento ou a ausência de cor: isto dá os chamados perfis de gelatinase.

Para determinar a natureza das proteinases, foram utilizados vários inibidores adicionados ao tampão de incubação dos géis. Para o valor de pH ácido (pH 4,6), foram utilizados os seguintes inibidores: contra as metaloproteinases - EDTA (10 mmol) e 1,10-fenantrolina (1 mM), para atuar sobre as proteinases histidina e asparagina guanidina - HCl (6,3 mmol). Para atuar sobre as cisteíno-proteinases, foram utilizadas duas combinações de cisteína e EDTA: variante estimulante (25 mM de cisteína e 1 mM de EDTA) [*Sgardieri et al.,* 1964] e variante inibidora com um teor acrescido de ligante catiónico (25 mM de cisteína e 10 mM de EDTA). Num meio ligeiramente alcalino (pH 7,8), foram utilizados inibidores de proteases do tipo tripsina: o inibidor de soja Kunitz e o ovomucoide numa concentração final de 0,5 mg / ml.

Para identificar a atividade da *a-amilase* (E.C. 3.2.1.1), a eletroforese das amostras foi feita em gel de poliacrilamida, adicionando amido solúvel a 0,15%. Uma vez terminada a eletroforese, os géis foram incubados num tampão durante uma hora e meia a 26-28 ° C. A incubação dos géis foi efectuada em tampão acetato de sódio 0,1 M, *pH* 5,4 ou em tampão fosfato de sódio e potássio 0,15 M, *pH* 7,5. Após a incubação, os géis foram lavados cuidadosamente com água destilada e transferidos para uma solução de ácido acético com 0,01 M de iodo e 0,014 M de KJ. As áreas não tingidas sobre fundo azul indicam a presença de atividade de amilase.

As esterases (E.C. 3.1.1.-) manifestaram-se na solução-tampão adequada, que continha 50 mg do corante *Fast blue RR,* 10 mg de 1-naftil propionato e 40 mg de 2-naftil acetato por 100 ml. Para a deteção da atividade da esterase, utilizou-se o tampão fosfato de potássio, *pH* 7,0, ou o tampão acetato de sódio 0,1 M, *pH* 4,6. A coloração continuou durante 20 minutos, após o que a mistura foi retirada e a reação foi parada com uma solução de ácido acético a 9%. O *Fast blue RR,* o propionato de naftilo e o acetato de naftilo foram previamente dissolvidos numa pequena quantidade de sulfóxido de dimetilo. A zona de esterase com especificidade para os isómeros *β* do substrato foi tingida a vermelho e para os isómeros *a* - *a* preto acastanhado.

É geralmente aceite que, para a manifestação da atividade da amilase, o meio ácido fraco é o ideal, enquanto que para a atividade da esterase o meio deve estar próximo do neutro. Para determinar as caraterísticas destas enzimas no trato digestivo do búzio rapa, utilizámos também diferentes pH para a atividade das enzimas: alcalino - nomeadamente um meio ligeiramente alcalino (pH 7,4) para a amilase e ácido (pH 4,6) - para as esterases.

As lipases (E.C. 3.1.1.3) foram detectadas de acordo com o esquema seguinte. Após a eletroforese, os géis foram mantidos à temperatura ambiente durante uma hora num tampão de fosfato de potássio, *pH* 7,0, que continha 100 ml de *Tween-85* (200 μL), desoxicolato de sódio (200 mg) e cloreto de cálcio (200 mg). Em seguida, a solução foi drenada e o gel foi cuidadosamente lavado com água destilada (3 mudanças de 15 minutos cada). Para identificar as zonas da enzima, utilizou-se uma solução de azul do Nilo. Para produzir esta solução, dissolveram-se 20 mg de corante em 10 ml de etanol e completou-se com água destilada até um volume de 100 ml. Os géis foram incubados numa solução de azul do Nilo durante uma noite e depois lavados com água até obterem um fundo incolor.

A *fosfatase alcalina* (E.C. 3.1.3.1) foi detectada a *pH* 8,9 (tampão Tris-HCl 0,05 M) e a *fosfatase ácida* (E.C. 3.1.3.2) a *pH* 4,6 (tampão acetato de sódio 0,1 M). Para a incubação dos géis, foram adicionados 100 ml de tampão adequado, 100 mg de *Fast blue RR,* 100 mg de fosfato de 1-naftilo, 60 mg de acetato de magnésio e 8 mg de sulfato de zinco. A incubação durou 20 minutos, após o que a solução de coloração foi retirada e a reação foi interrompida com uma solução de ácido acético a 9%.

A atividade da *tiamina pirofosfatase* (EC 3.6.1.6) demonstrou o seguinte. Após eletroforese em gel imerso em tampão Tris-HCl 0,05 M, pH 8,9, ao qual foi adicionado CaCl2 a 0,5 M, tal como 1 mM de Mn^{2+} e 1 mM de Mg^{2+} . Como substrato, foram adicionados 50 mg de pirofosfato de tiamina ao meio de incubação. A incubação prosseguiu à temperatura ambiente durante uma hora, após o que o gel foi lavado. Em seguida, foi envelhecido durante 10 minutos numa solução a 2% de nitrato de cobalto. Em seguida, a solução foi drenada e o gel foi cuidadosamente lavado com água destilada (3 mudanças de 20-30 minutos cada). Para identificar as zonas da enzima, o gel foi imerso em Na2S a 1%. No final, o gel foi lavado até à descoloração de fundo.

Reagentes. 2x Acrilamida, N,N'-metileno-bis-acrilamida 2x, Tris, Tris-HCl, Triton X-100, gelatina, ditiotreitol, Tween-85, desoxicolato, Na-EDTA - todos com a qualificação de "grau de investigação" (produção Serva); *Fast blue* RR, propionato de 1-naftil, acetato de 2-naftil, fosfato de 1-naftil (produção de Lachema), TEMED (produção de Reanal); Outros reagentes orgânicos ou inorgânicos da qualificação "grau analítico" ou "quimicamente puro" (produção de Reahim).

Análise dos electroforogramas e tratamento matemático dos dados. Os electroferogramas foram documentados por digitalização. A análise quantitativa dos densitogramas foi obtida através do software AnaIs [М.А. Поджарский, Д.Г. Рибалка, podzharsky@ukr.net]. Foi determinado o número de formas moleculares múltiplas de enzimas, a sua mobilidade electroforética relativa e o seu rácio em percentagem no espetro global. A atividade enzimática foi avaliada pela área do pico nos densitogramas das formas múltiplas moleculares correspondentes, e calculada em unidades convencionais por 1 mg de tecido húmido. Este método não mostra o verdadeiro nível de atividade enzimática, mas é suficientemente informativo para estudos comparativos. Os resultados da investigação foram processados utilizando o software *Microsoft Excel.*

Foi calculada a média aritmética dos espectros obtidos em cada repetição da experiência e o erro padrão da média aritmética. Os espectros típicos que reflectem bem os resultados médios obtidos são apresentados neste trabalho. A significância das diferenças provadas de acordo com o *teste t de* Student foi calculada para os cosets.

A complexidade informativa dos espectros electroforéticos das enzimas foi avaliada pelo nosso fator proposto [*Toptikov et al., 2010*]. O índice de dominância relativa *d* foi calculado utilizando a fórmula:

$$d = 1 - K_{\mathrm{Di}} K_{D\mathrm{max}}, \text{ where}$$

K_{Di} é o índice da complexidade da informação de um espetro definido, K_{Dmax} é o valor máximo possível da complexidade da informação do indicador do espetro para um determinado número de formas moleculares de proteínas no espetro.

O coeficiente de variação K_{var} foi calculado pela fórmula:

$$K_{\mathrm{var}} = x s_{\mathrm{st}} \times 100 \text{ , where}$$

x é a média aritmética, s_{st} é o desvio padrão.

♦♦♦♦♦♦♦♦♦

RESULTADOS E DISCUSSÃO

Atividade e distribuição das enzimas hidrolíticas no sistema digestivo da Rapana no período verão-outono

A atividade reprodutiva máxima dos indivíduos sexualmente maduros de búzios rapa é observada durante o período selecionado de recolha de moluscos. Nesta altura, *a Rapana* alimenta-se intensamente. No final deste período, os indivíduos que completaram a desova continuam a consumir uma grande quantidade de alimento e começam a acumular peso corporal [*Саенко, 2008*]. Assim, neste período os búzios rapa apresentam um nível muito elevado de vários processos metabólicos associados a custos energéticos significativos, processos e substâncias sintéticas activas e redistribuição de energia entre vários órgãos. Por outras palavras, esta fase da vida pode ser descrita como uma fase de alto nível de vida. Naturalmente, isto deve refletir-se nas caraterísticas de atividade e distribuição de enzimas em vários órgãos do corpo do búzio rapa. Antes de mais, isto diz respeito a diferentes partes do sistema digestivo do molusco, que não só assegura a digestão dos alimentos, mas também (como no primeiro caso, a glândula Leiblein e o hepatopâncreas) serve de depósito de substâncias plásticas e energéticas.

A análise da atividade enzimática foi realizada por eletroforese em gel de poliacrilamida, o que permitiu não só identificar a presença de determinadas enzimas, mas também a sua composição isoenzimática e a atividade de algumas formas múltiplas.

Atividade proteolítica insignificante é mostrada para o tecido de búzios de rapa *[Битюнская и dp.*, 2009]. No entanto, foram encontradas proteinases em todas as estruturas investigadas do sistema digestivo *de Rapana.* O eletroforograma típico da atividade proteolítica é mostrado na Figura 2 (A, B).

O tratamento quantitativo mostrou que a maior atividade de proteinase (em relação à gelatina) para ambos os valores de pH foi observada nas glândulas salivares. A maior parte da atividade proteolítica do sistema digestivo da *Rapana* estava concentrada nestas glândulas (Fig. 2; C,D). A presença de proteinases nas glândulas salivares de *Rapana* já havia sido demonstrada anteriormente por métodos histoquímicos [*Чухчин,* 1970], mas uma análise comparativa da atividade hidrolítica em várias estruturas glandulares do trato digestivo *de Rapana* foi tentada neste estudo pela primeira vez.

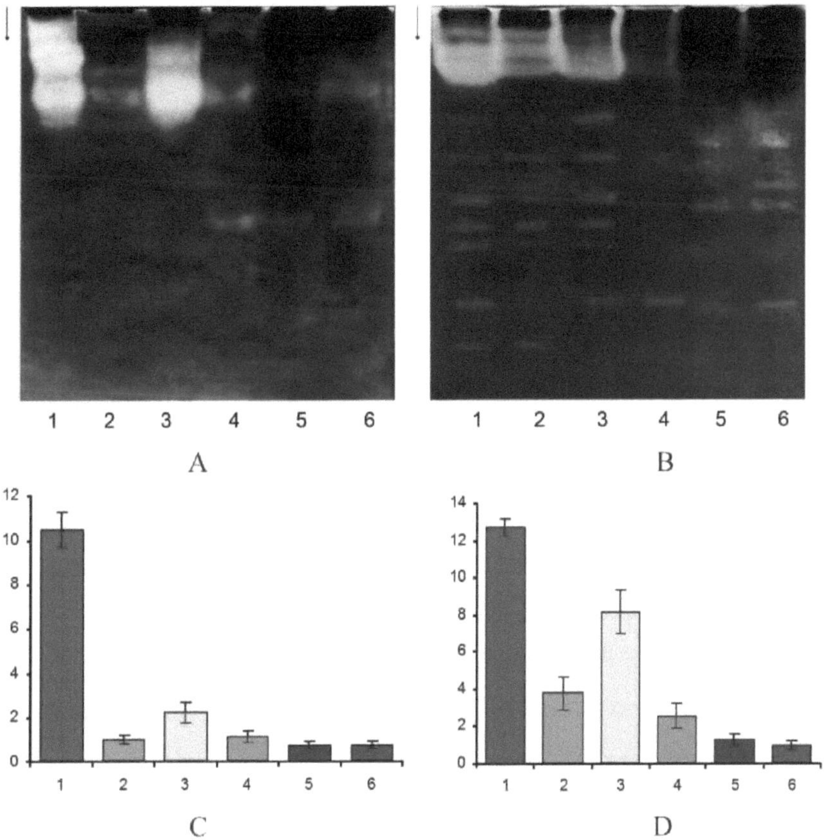

Figura 2. Perfis de gelatinase (A, B) de extractos e atividade relativa de proteinase (em unidades convencionais por 1 mg de peso húmido de tecido) (C, D) em diferentes partes das partes estudadas do sistema digestivo de *Rapana* no período de vida ativa: A, C - a pH 4,6, B, D - a pH 7,8; 1 - glândulas salivares, 2 - glândulas salivares acessórias, 3 - corpo de Leiblein com esófago, 4 - glândula carmesim com esófago, 5 - glândula de Leiblein, 6 - hepatopâncreas; a quantidade de material introduzido: 1, 2 - 10 μL do extrato, 3, 4 - 15 μL do extrato, 5, 6 - 25 μL do extrato.

A presença da máxima atividade de proteinase nas partes anteriores do sistema digestivo *de Rapana* é uma diferença principal entre estes moluscos e os vertebrados, nos quais o processo de digestão das proteínas ocorre principalmente na parte média do sistema digestivo. Estas caraterísticas da distribuição das enzimas proteolíticas nos gastrópodes predadores aproximam-nos dos artrópodes predadores, nomeadamente das aranhas. Para além do veneno, injectam no corpo da vítima um conjunto de hidrolases que ajudam a amolecer o substrato alimentar *[Барнс и др., 1992]*.

As glândulas salivares caracterizam-se não só pelo elevado nível de atividade da proteinase, mas também pelo maior número de formas moleculares deste grupo de enzimas: para pH 4,6 foram determinadas 4 formas moleculares de proteinase e para pH 7,8 - 10 formas. A atividade proteolítica mais baixa e o número mínimo de isoformas foram observados no corpo de Leiblein e no hepatopâncreas (3 formas moleculares a pH 4,6 e 4 formas a pH 7,8).Várias estruturas glandulares do sistema digestivo do búzio rapa também diferiram por significado de pH médio, no qual a atividade enzimática foi maior. Por exemplo, as proteinases das glândulas salivares apresentaram aproximadamente a mesma atividade tanto em soluções ácidas como alcalinas. As enzimas proteolíticas das glândulas salivares acessórias, da glândula carmesim e da glândula de Leiblein eram activas em meio alcalino e, pelo contrário, as enzimas do corpo de Leiblein e do hepatopâncreas eram activas em meio ácido. Este facto é provavelmente motivado pela forma da proteinase e pelo tipo de digestão (cisternal para enzimas alcalinas ou ácidas para enzimas intracelulares).

Com base nestes dados, podemos assumir que, no sistema digestivo complexo e diferenciado *de Rapana,* a hidrólise das proteínas começa fora e na parte anterior do tubo digestivo, no processo de digestão extra-intestinal e cisternal. É provável que o processamento das proteínas nas partes seguintes ocorra como resultado da digestão cisternal e da digestão intracelular. O fato de as proteinases ácidas serem mais ativas nas glândulas salivares, confirma padrão, geral para todos os seres vivos, que é a digestão inicial em meio ácido, e posterior hidrólise e absorção em meio neutro [*Уголев,* 1987].

O cloridrato de guanidina não afecta completamente, mas afecta fortemente a atividade proteolítica. Além disso, inibe completamente as formas móveis da enzima (com mobilidade electroforética relativa *Rf* superior a 0,10) e inibe parcialmente (cerca de 50 por cento) a atividade na zona de baixa mobilidade (*Rf* a 0,10).

Em relação a estas caraterísticas da distribuição das proteinases no trato digestivo, existe um interesse em elucidar a natureza da atividade proteolítica. Foi aplicada a análise inibitória.

Pode ver-se na Fig. 3 que as metaloproteinases estão representadas principalmente nas glândulas salivares, uma vez que a 1,10-fenantrolina e o EDTA suprimem completamente a atividade hidrolítica de todas as isoformas de proteinases.

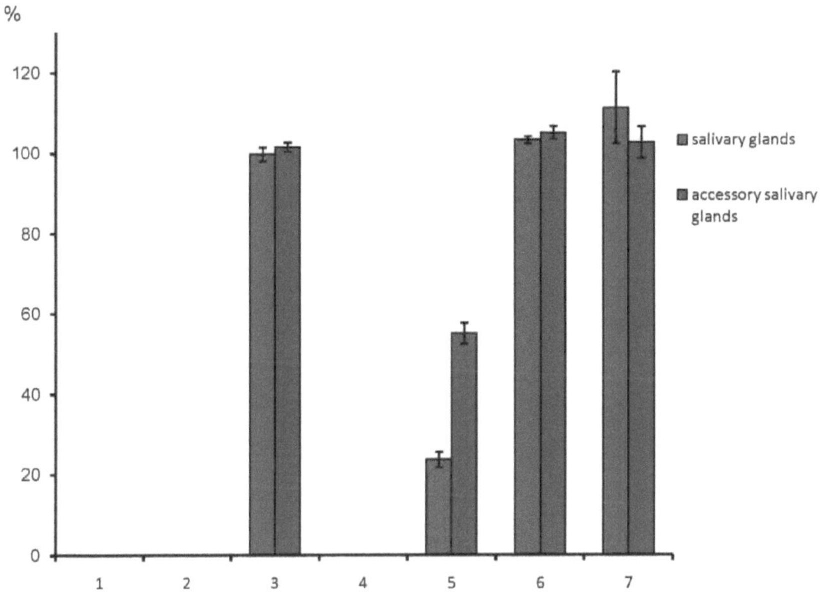

Figura 3. O efeito de vários inibidores na manifestação da atividade proteolítica nas glândulas salivares (azul) e nas glândulas salivares acessórias (vermelho) do sistema digestivo *de Rapana*: 1 - 1,10-fenantrolina; 2 - 10 mM EDTA; 3 - 25 mmol de cisteína + 1 mM EDTA; 4 - 25 mM de cisteína + 10 mM EDTA; 5 - 6.3 mmol de cloridrato de guanidina; 6 - 0,5 mg / ml de um inibidor de tripsina de soja; 7 - 0,5 mg / ml de ovomucoide; é apresentada a atividade residual em percentagem do controlo aceite para 100%.

A guanidina é uma base forte e pode competir por ligações de hidrogénio com radicais ionogénicos de aminoácidos de proteínas. Como resultado, interage com histidina e compostos carboxílicos de aminoácidos dicarboxílicos [*Резников,* 2006; *Сиротким,* 2011]. Com base no efeito inibitório revelado da guanidina na atividade proteolítica, pode assumir-se que os aminoácidos acima mencionados nas enzimas são importantes para a manifestação da atividade enzimática das metaloproteinases das glândulas salivares *de Rapana.*

A presença de aminoácidos histidina, glutâmico ou asparagina no motivo principal do sítio ativo, ou próximo a ele, é mostrada para uma série de metaloproteinases de vários organismos *[Соловьева* 1994; *Рудакова,* 2010]. A cisteína não mostrou efeito estimulante, portanto as proteinases em investigação provavelmente não pertencem a enzimas proteolíticas tiol. A ausência completa do inibidor de tripsina de soja e da influência do ovomucoide sugere que as enzimas encontradas nas glândulas salivares *de Rapana* não são proteinases do tipo tripsina.

Como é sabido, o grupo das metaloproteinases inclui as chamadas metaloproteinases de matriz, que desempenham um papel importante no catabolismo do complexo do tecido conjuntivo [*Соловьева*, 1994]. A principal função biológica das metaloproteinases de matriz é a destruição dos componentes da matriz extracelular [*Deryugina, Quigley*, 2010; *Nagase, Woessner,* 1999]. Estas caraterísticas funcionais das metaloproteinases explicam o papel da sua elevada atividade nas glândulas salivares *de Rapana*. Esta propriedade do produto das glândulas salivares *da Rapana* permite não só a digestão de proteínas no sistema digestivo, mas também, através da destruição da matriz intercelular, promove o amolecimento do corpo da vítima. Este produto de secreção facilita grandemente o funcionamento do aparelho da rádula do molusco gastrópode predador. Esta caraterística da secreção, provavelmente, pode servir como uma das razões para a gula da *Rapana*. Em condições laboratoriais, foi demonstrado que *a Rapana* pode ingerir uma quantidade de alimento que vai de 0,8% da sua própria massa (para indivíduos grandes com um comprimento de concha superior a 101 mm) a 3,6% (para espécimes pequenos de 60-100 mm) por dia [*International...*, 2004]. A capacidade da *Rapana* de ingerir grandes quantidades de alimento foi confirmada em estudos de campo *[Куракин, Говорин*, 2011]. Assim, as glândulas salivares *de Rapana* segregam não só o muco que proporciona a formação do grumo alimentar, mas também enzimas para digerir os alimentos, proteinases em particular.

Em contraste com as enzimas proteolíticas, as amilases foram distribuídas nas partes do sistema digestivo do búzio rapa de uma forma diferente (Fig. 4; A, B).

A atividade da *a-amilase* só foi detectada na glândula de Leiblein e no hepatopâncreas, enquanto noutras estruturas praticamente não foi observada. A glândula de Leiblein apresentou a atividade máxima de amilase (Fig. 4, C, D). Apesar das diferenças de atividade, o número de isoformas da enzima foi semelhante em ambas as glândulas. Como esperado, as amilases do sistema digestivo *de Rapana* foram mais activas em condições ligeiramente ácidas.

As esterases são constituídas por um grande grupo de diversas enzimas que decompõem vários ésteres. Para além das funções digestivas, as esterases desempenham funções reguladoras (por exemplo, acetilcolina-acetil-hidrolase ou acetilcolinesterase), protectoras (por exemplo, acetilcolina-acil-hidrolase ou colinesterase) e várias funções metabólicas. O papel importante desta classe de enzimas é consistente com o facto de as esterases estarem presentes em todas as partes do sistema digestivo estudado (Fig. 5; A, B). Para os dois valores de acidez média estudados, a atividade mais elevada de enzimas com atividade de esterase foi mostrada na glândula de Leiblein, a mais baixa - nas glândulas salivares. No caso da atividade de esterase por 1 mg de peso húmido de tecido, a estrutura glandular do sistema digestivo da *Rapana* em consideração estava localizada na seguinte ordem Glândula de Leiblein > hepatopâncreas ≥ corpo de Leiblein ≥ glândula carmesim > glândulas salivares acessórias > glândula salivar (Fig. 5; C, D). A glândula de Leiblein, o hepatopâncreas, o corpo de Leiblein e a glândula carmesim continham o número máximo de isoformas de esterases (de 6 a 8). As glândulas diferiam em função dos valores de *pH* mais favoráveis para a reação da esterase: nas glândulas salivares, as esterases eram activas num ambiente ácido (*pH* 4,6); em todas as outras estruturas glandulares, o *pH* ótimo era neutro.

Registaram-se diferenças significativas na especificidade das isoformas de esterase para vários substratos entre as estruturas glandulares do sistema digestivo do búzio rapa. As glândulas salivares e as glândulas salivares acessórias continham principalmente enzimas orientadas para α. Na glândula de Leiblein e no hepatopâncreas, as esterases β-específicas estavam largamente representadas (Fig. 5B).

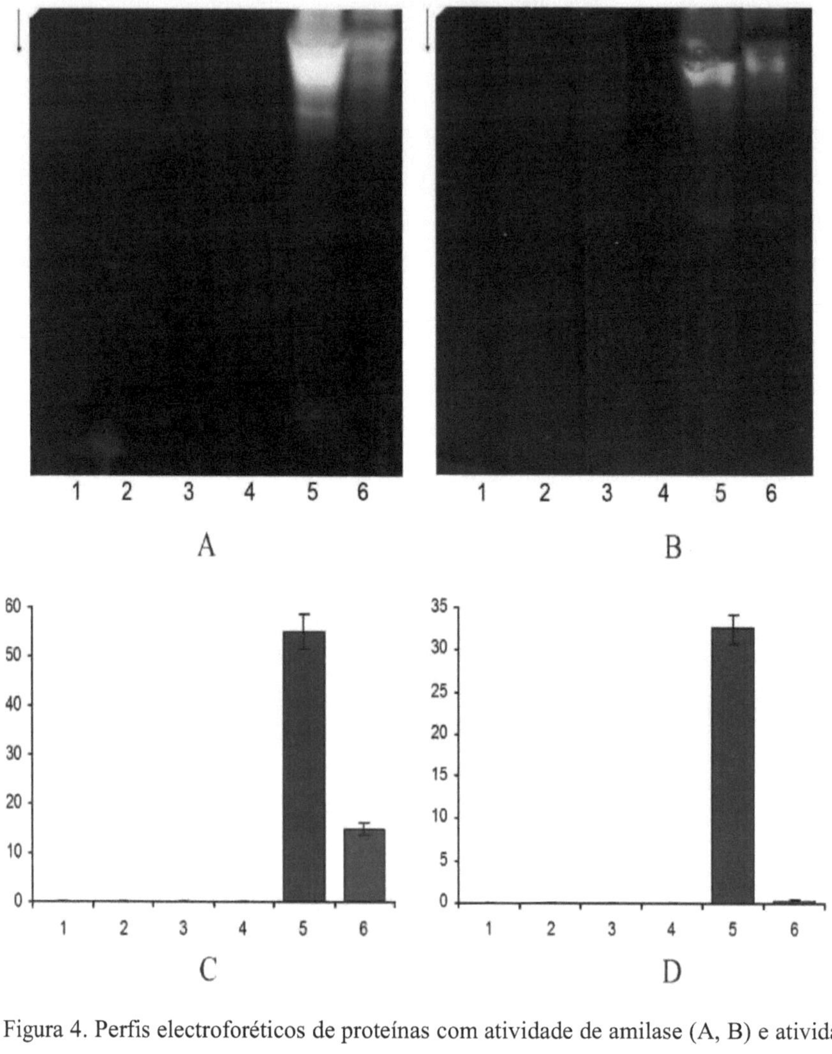

Figura 4. Perfis electroforéticos de proteínas com atividade de amilase (A, B) e atividade de amilase específica (em unidades convencionais por 1 mg de peso húmido de tecido) (C, D) nas partes estudadas do sistema digestivo de *Rapana* no período ativo da vida: A, C - a *pH* 5,4, B, D - a *pH* 7,5; 1 - glândulas salivares, 2 - glândulas salivares acessórias, 3 - corpo de Leiblein com esófago, 4 - glândula carmesim com esófago, 5 - glândula de Leiblein, 6 - hepatopâncreas; a quantidade de material introduzido: 7,5 μL do extrato.

Estas incluem múltiplas formas com mobilidade electroforética *Rf* 0,16, 0,25 e 0,30. Tanto a isoforma do corpo de Leiblein como a da glândula carmesim com *Rf* 0,20 foram caracterizadas pela estereoespecificidade mista, enquanto na glândula de Leiblein, nas glândulas salivares e no hepatopâncreas esta isoforma teve uma maior afinidade para substratos com substituição na posição α-.

O grupo das esterases, necessário para digerir um componente tão importante dos alimentos como as gorduras e os ácidos gordos, foi estudado separadamente. Os espectros electroforéticos das lipases são apresentados na Fig. 6 (A, B). Tal como no caso da esterase, a atividade da lipase foi elevada na glândula de Leiblein, seguida do hepatopâncreas e das glândulas salivares acessórias (Fig. 6; C, D). A atividade mais baixa das lipases foi observada na glândula carmesim.

Para distinguir as lipases de triglicéridos das lipases de lipoproteínas, as amostras paralelas foram coradas com uma solução de NaCl 1M, que se sabe inibir seletivamente as lipases de lipoproteínas nos mamíferos [*Korn, 1955; Fielding, Fielding, 1976*]. Com base na comparação destas duas variantes de manifestações da atividade lipásica (Fig. 6; A, B), podemos supor que nos departamentos analisados do sistema digestivo da *Rapana* estavam presentes principalmente lipases de triglicéridos. Esta conclusão baseia-se no facto óbvio de que o NaCl não inibiu a atividade da lipase em condições experimentais.

As fosfatases, tal como as esterases, representam um grande grupo de enzimas heterogéneas - ambas altamente especializadas e com uma especificidade de substrato muito ampla. Desempenham um papel importante no metabolismo global das células e têm importantes funções reguladoras e energéticas. Ao separar os resíduos de fosfato de uma variedade de ésteres de fosfato orgânicos, a fosfatase promove a assimilação de substâncias relevantes que entram no sistema digestivo com os alimentos.

Nos tecidos do sistema digestivo de *Rapana* estudados, a proporção de fosfatases ácidas e alcalinas é muito diferente (Fig. 7; A, B). Enquanto as fosfatases ácidas estavam presentes em todas as estruturas glandulares em quantidades comparáveis, as enzimas alcalinas foram observadas principalmente na glândula de Leiblein e no hepatopâncreas. Noutras partes do sistema digestivo dos moluscos, apenas foram observados vestígios de atividade de fosfatase alcalina (Fig. 7; C, D).

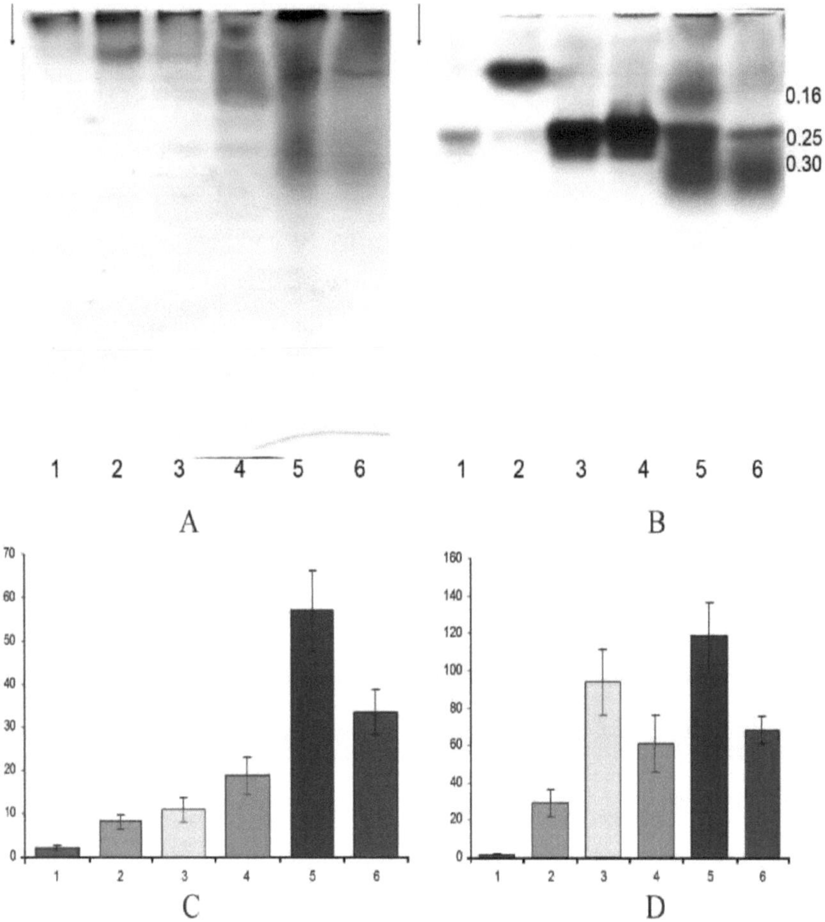

Figura 5. Perfis electroforéticos de proteínas com atividade de esterase (A, B) e atividade específica de esterase (em unidades convencionais por 1 mg de peso húmido de tecido) (C, D) nas partes estudadas do sistema digestivo de *Rapana* no período de vida ativa: A, C - a *pH* 4,6, B, D - a *pH* 7,0; 1 - glândulas salivares, 2 - glândulas salivares acessórias, 3 - corpo de Leiblein com esófago, 4 - glândula carmesim com esófago, 5 - glândula de Leiblein, 6 - hepatopâncreas; a quantidade de material introduzido a *pH* 4.6: 1 - 20 μL, 2 - 15 μL, 3 - 5 μL, 4 - 10 μL, 5, 6 - 7 μL do extrato, a *pH* 7,0: 1 - 10 μL, 2, 3, 4 - 5 μL, 5, 6 - 3 μL.

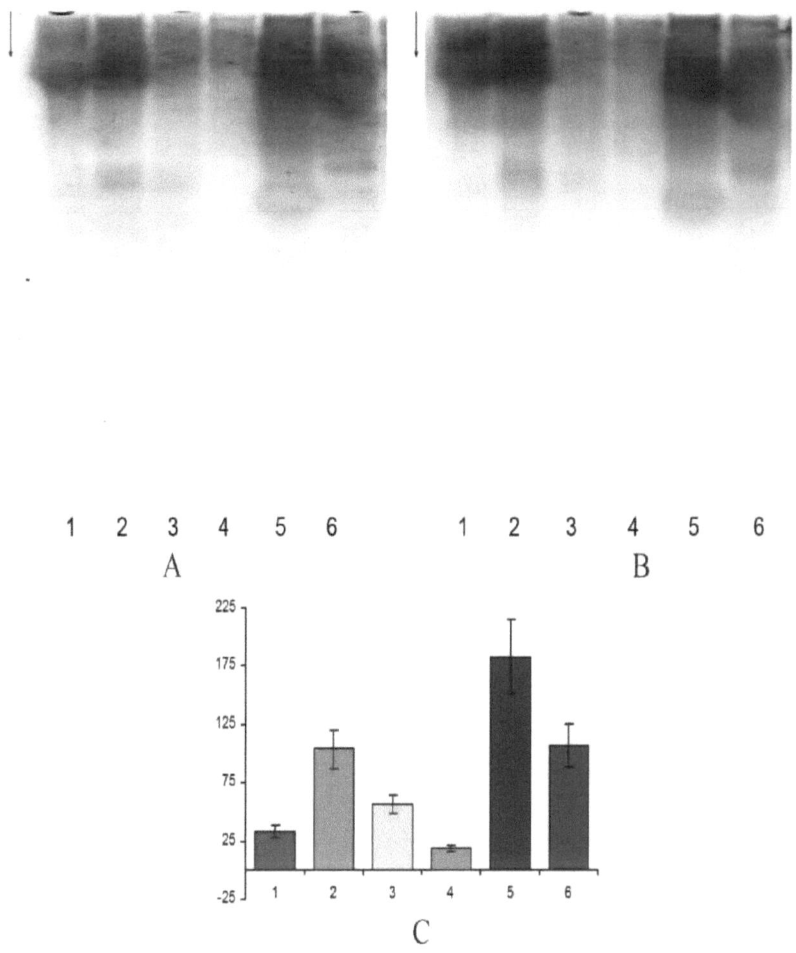

Figura 6. Perfis electroforéticos de proteínas com atividade lipásica (A, B) e atividade lipásica específica (em unidades convencionais por 1 mg de peso húmido de tecido) (C) nas partes estudadas do sistema digestivo da *Rapana* no período de vida ativa: A - o meio de incubação sem suplementos, B - suplementado com NaCl 1M antes; 1 - glândulas salivares, 2 - glândulas salivares acessórias, 3 - corpo de Leiblein com esófago, 4 - glândula carmesim com esófago, 5 - glândula de Leiblein, 6 - hepatopâncreas; a quantidade de material introduzido: 1 - 10 µL, 2 - 6 - 5 µL

Como é sabido, a elevada atividade da fosfatase alcalina é inerente a órgãos com processos significativos de transporte de nutrientes e atividade secretora. Isso é consistente com a análise da glândula de Leiblein e hepatopâncreas, feita com base em estudos morfológicos, funcionais e histoquímicos, onde esses órgãos são tratados fornecendo ao corpo do molusco produtos de digestão, além de realizar a secreção e excreção de vários compostos [*Чухчин,* 1970].

Com as funções mencionadas da glândula de Leiblian e do hepatopâncreas, o nível de atividade da tiamina pirofosfatase também está de acordo. A atividade máxima da tiamina pirofosfatase é observada nestas glândulas (Fig. 8). A tiamina pirofosfatase não pertence ao grupo das enzimas digestivas. No entanto, a consideração desta hidrolase neste trabalho deve-se ao facto de desempenhar um papel regulador significativo em vários processos metabólicos. A importância desta enzima é determinada pelo papel importante do seu substrato - o pirofosfato de tiamina. Em particular, a atividade da tiamina pirofosfatase está correlacionada com a intensidade das funções secretoras das células e dos órgãos [*Novikoff et al*, 1975; *Martinez-Rodriguez et al., 1980*]. Sabe-se também que esta enzima é um dos marcadores do aparelho de Golgi, que tem como uma das suas funções importantes a excreção. É esta hidrolase, juntamente com outras enzimas, que assegura o desempenho das funções do aparelho de Golgi, nomeadamente a excreção celular [*Sano et al.*, 1988; *Noda* et al., 1991; *Nevorotin, 1980*].

Conhecendo o peso médio das estruturas investigadas, podemos estimar a sua contribuição relativa para a atividade global das hidrolases correspondentes em todo o sistema digestivo da *Rapana*. Com base em dados da literatura [*Чухчин*, 1970], a atividade enzimática do estômago e do intestino posterior da *Rapana* pode ser ignorada devido aos seus pequenos valores. Como resultado da nossa investigação de 30 espécimes de búzios rapa, o peso médio das partes estudadas do sistema digestivo distribuiu-se da seguinte forma: glândulas salivares - 301 ± 23 mg, glândulas salivares acessórias - 90 ± 6 mg, corpo de Leiblein com porção adjacente do esófago - 43 ± 2 mg, glândula carmesim com porção adjacente do esófago - 62 ± 4 mg, glândula de Leiblein - 2077 ± 148 mg, hepatopâncreas - 3695 ± 238 mg. Os resultados calculados da contribuição relativa dos órgãos separados do sistema digestivo para a atividade geral das hidrolases correspondentes são apresentados nas figuras 9 a 13.

Com base nos dados apresentados na Fig. 9-13, pode concluir-se que o papel mais importante na digestão de todos os componentes dos alimentos no búzio rapa pertence à glândula de leblain e ao hepatopâncreas.

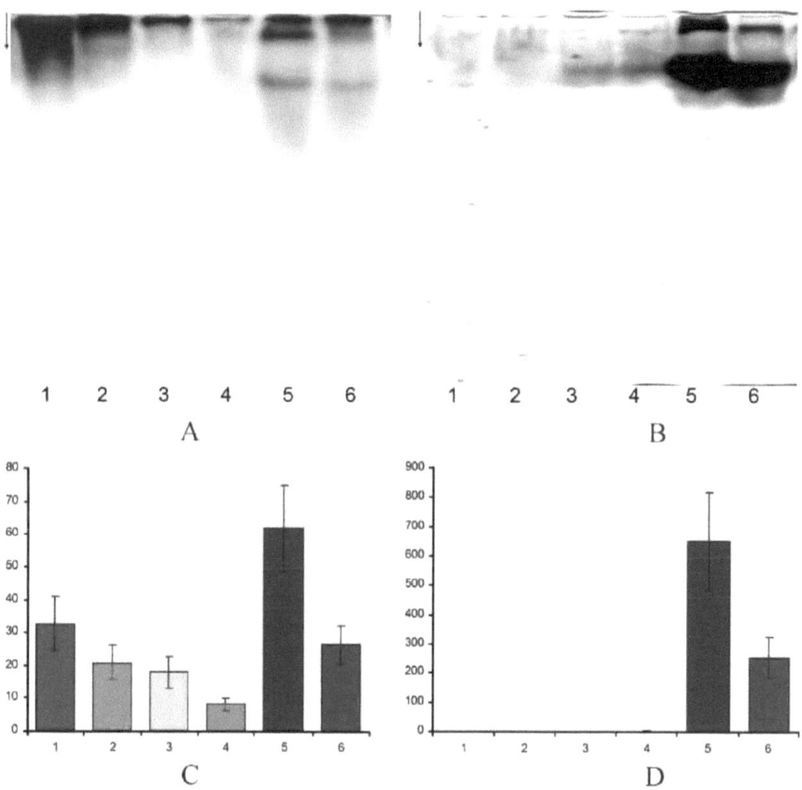

Figura 7. Perfis electroforéticos de proteínas com atividade fosfatásica (A, B) e atividade fosfatásica relativa (em unidades convencionais por 1 mg de peso húmido de tecido) (C, D) nas partes estudadas do sistema digestivo de *Rapana* no período de vida ativa: A, C - a *pH* 4,6, B, D - a *pH* 8,9; 1 - glândulas salivares, 2 - glândulas salivares acessórias, 3 - corpo de Leiblein com esófago, 4 - glândula de Crimson com esófago, 5 - glândula de Leiblein, 6 - hepatopâncreas; a quantidade de material introduzido a *pH* 4.6: 1, 2, 4 - 15 μL, 3 - 7,5 μL, 5, 6 - 10 μL do extrato; a *pH* 8,9: 1, 2, 4 - 15 μL, 3 - 7,5 μL, 5 - 1 μL, 6 - 2 μL do extrato.

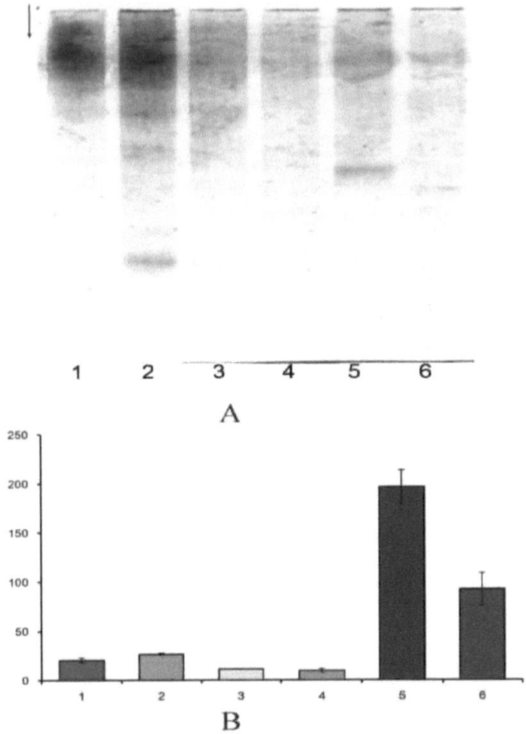

Figura 8. Perfis eletroforéticos de proteínas com atividade de tiamina pirofosfatase (A) e atividade relativa de tiamina pirofosfatase (em unidades convencionais por 1 mg de peso úmido de tecido) (B) nas partes estudadas do sistema digestivo de *Rapana* no período de vida ativa: 1 - glândulas salivares, 2 - glândulas salivares acessórias, 3 - corpo de Leiblein com esófago, 4 - glândula de Crimson com esófago, 5 - glândula de Leiblein, 6 - hepatopâncreas; a quantidade de material introduzido: 1, 2, 3, 4 - 15 µL, 5, 6 - 5 µL do extrato.

Como demonstrado nos nossos estudos, a atividade proteolítica específica da glândula de Leiblein e do hepatopâncreas por unidade de massa é negligenciável. No entanto, devido à sua grande massa, a contribuição destas glândulas no processo de assimilação de proteínas pela *Rapana* torna-se essencial. As glândulas salivares também desempenham um papel importante na proteólise.

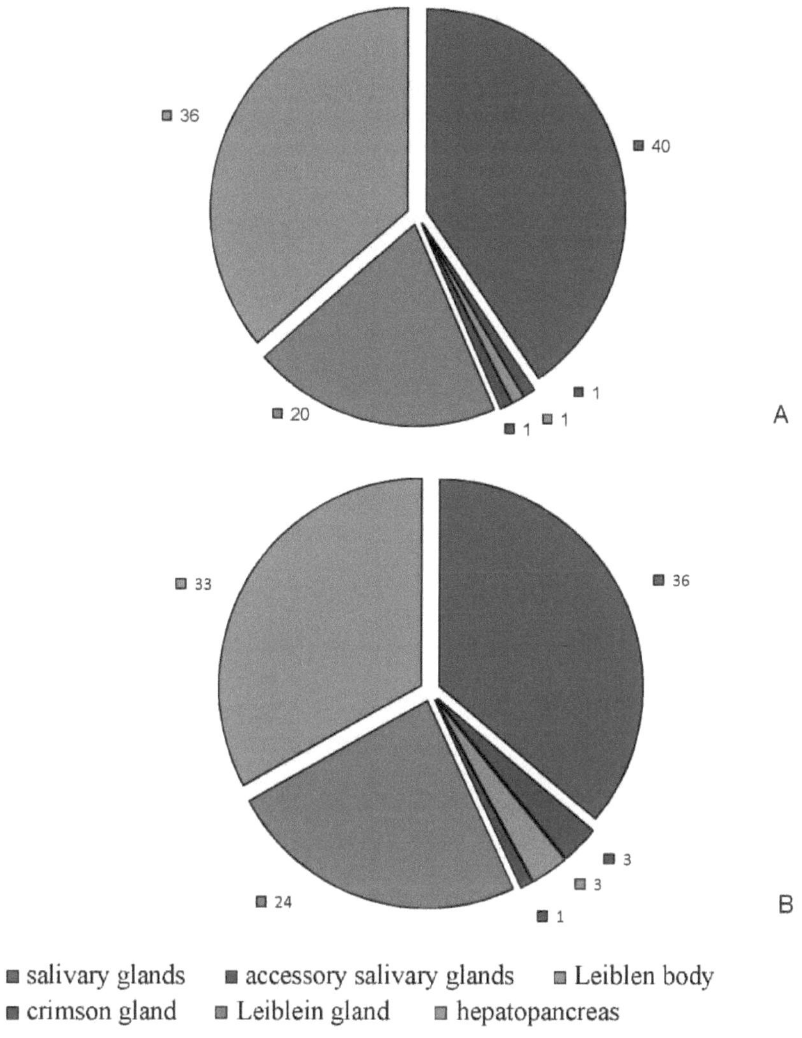

Figura 9. Contribuição (%) dos diferentes corpos de prova na atividade geral de proteinase ácida (A) e na atividade geral de proteinase alcalina (B) do sistema digestivo da *Rapana* no período de vida ativa

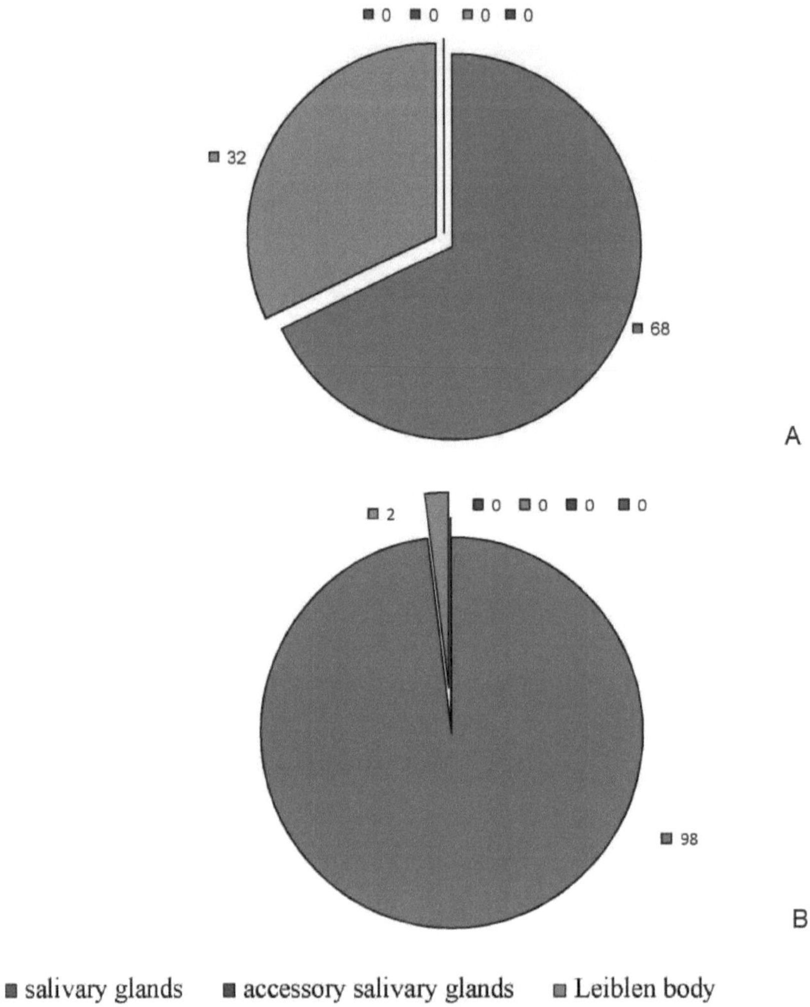

Figure 10. Contribuição (%) dos diferentes corpos de prova na atividade geral da amilase a pH 5,4 (A) e a pH 7,4 (B) do sistema digestivo da *Rapana* no período de vida ativa

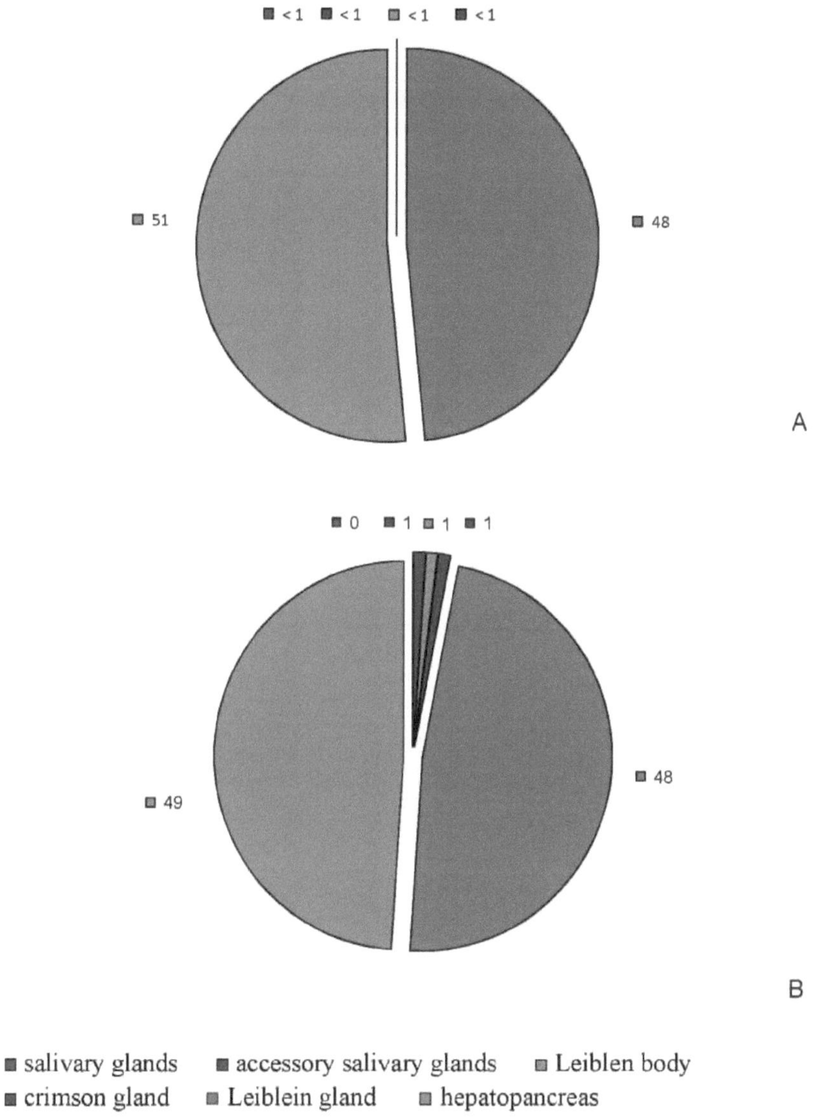

Figure 11. Contribuição (%) dos diferentes corpos de prova na atividade geral de esterase a pH 4,6 (A) e a pH 7,0 (B) do sistema digestivo da *Rapana* no período de vida ativa

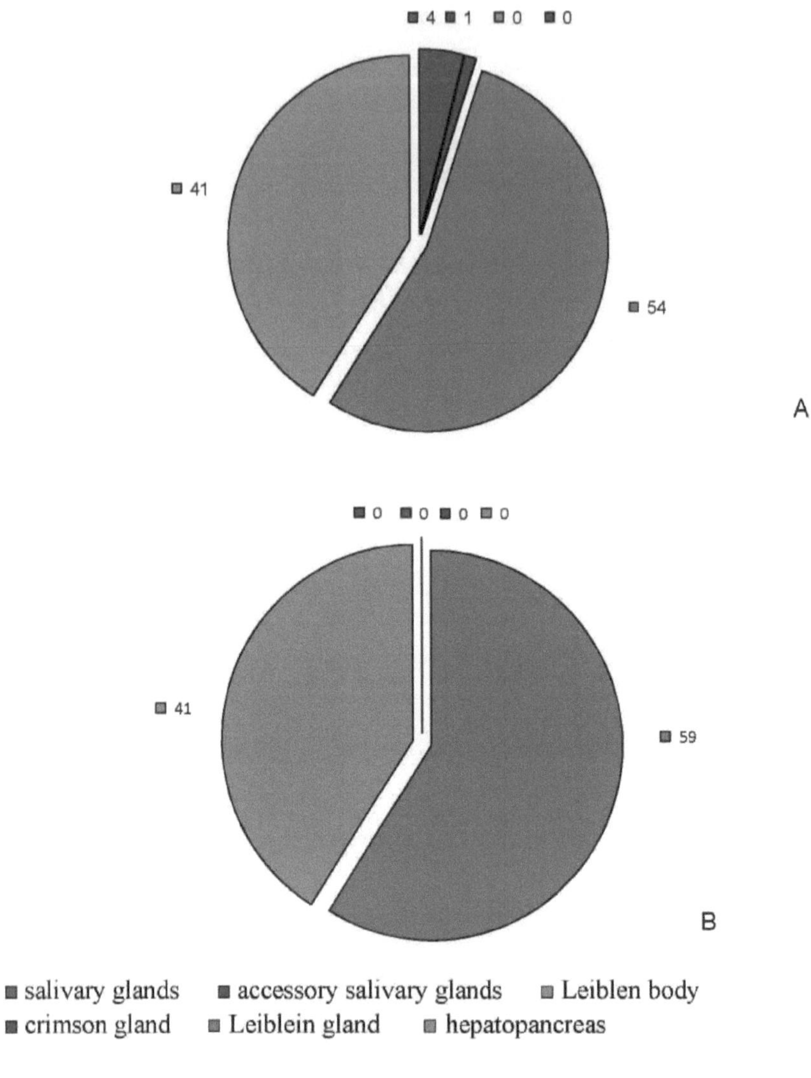

Figure 12. Contribuição (%) dos diferentes corpos de prova na atividade de fosfatase geral a pH 4,6 (A) e a pH 8,9 (B) do sistema digestivo da *Rapana* no período de vida ativa

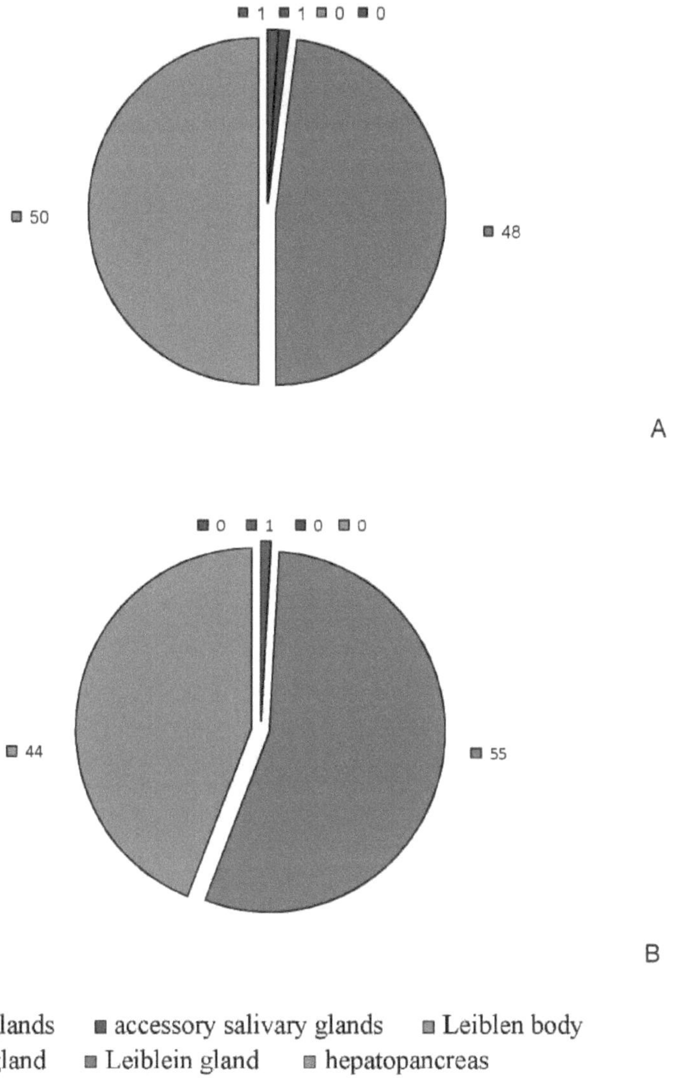

Figure 13. Contribuição (%) dos diferentes corpos de prova na atividade geral da lipase (A) e na atividade da tiamina pirofosfatase (B) do sistema digestivo da *Rapana* no período de vida ativa

Enzimas hidrolíticas do sistema digestivo da Rapana no período de inverno

A Rapana tem um modo de vida extremamente inativo, pára o seu próprio crescimento e consome muito pouca quantidade de alimento durante o período de inverno *[Иванов, Руденко,* 1969]. Na Baía de Odessa, onde os moluscos foram coletados, a temperatura da água no inverno pode cair abaixo de 0 ° C, *Rapana venosa* está imersa no solo e não se alimenta de forma alguma. Esta alteração no comportamento *da Rapana* leva a uma diminuição significativa do metabolismo total e permite-lhe poupar recursos alimentares num período de inverno desfavorável. Este estado dos moluscos pode ser caracterizado como um estado de repouso invernal. Apesar disso, as glândulas do sistema digestivo *da Rapana* mantêm uma atividade enzimática suficientemente significativa...

Assim, a atividade proteolítica total das partes investigadas do sistema digestivo é mais elevada do que no verão. Na maioria dos órgãos, a atividade específica das proteinases ácidas e alcalinas aumenta substancialmente; a exceção é a glândula de Leiblein, onde a atividade proteolítica é quase uma ordem de grandeza inferior (Fig. 14). Neste caso, a distribuição da atividade da proteinase pelas diferentes glândulas não se altera em princípio (Fig. 15). Estas alterações em indivíduos inactivos com um baixo nível de metabolismo são bastante difíceis de explicar. Sabe-se que as proteínas em *Rapana* servem principalmente como material plástico *[Саенко*, 2008]. Com base nisso, apenas uma suposição especulativa pode ser feita sobre o uso parcial de proteínas para a síntese de certas substâncias necessárias na preparação de indivíduos para o próximo período de vida ativa.

Em contraste com as hidrolases proteicas, a atividade de amilase do sistema digestivo da *Rapana* em estado de dormência invernal é significativamente mais baixa em comparação com a atividade em moluscos móveis e de alimentação intensiva (Fig. 16). No entanto, a contribuição relativa de glândulas individuais para a atividade total da amilase não se altera significativamente: os líderes continuam a ser a glândula de Leiblein e o hepatopâncreas (Fig. 17). A diferença é a manifestação insignificante da atividade da amilase a pH 7,4 no corpo de Leiblein, na glândula carmesim e nas glândulas salivares acessórias, nas quais esta atividade não foi observada no período verão-outono.

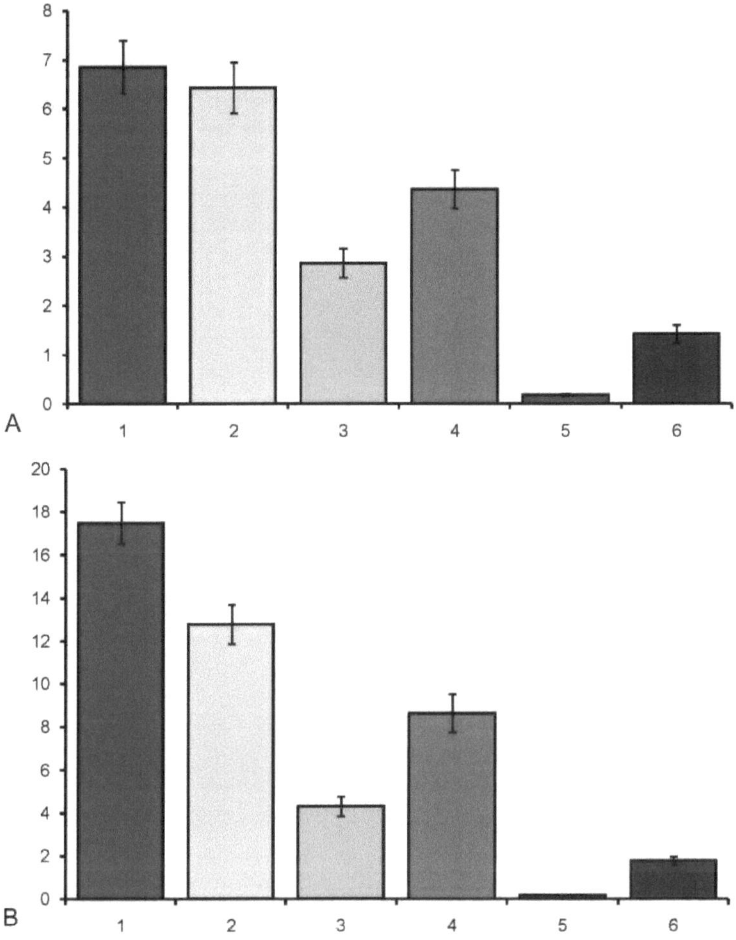

Figura 14. Atividade específica de proteinase (em unidades convencionais por 1 mg de peso húmido de tecido) em diferentes partes das peças estudadas no sistema digestivo de *Rapana* num estado de tranquilidade invernal: A - a pH 4,6, B - a pH 7,8; 1 - glândulas salivares, 2 - glândulas salivares acessórias, 3 - corpo de Leiblein com esófago, 4 - glândula carmesim com esófago, 5 - glândula de Leiblein, 6 - hepatopâncreas

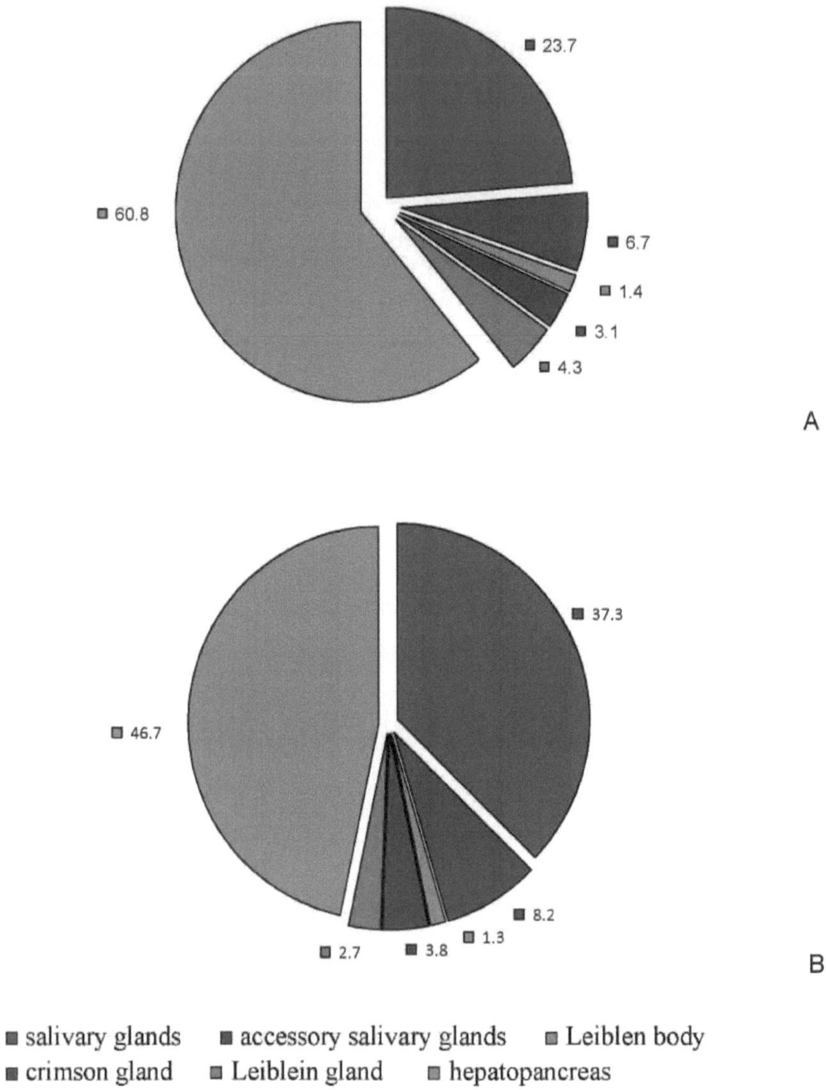

Figura 15. Contribuição (%) dos diferentes corpos de prova na atividade geral de proteinase ácida (A) e na atividade geral de proteinase alcalina (B) do sistema digestivo *da Rapana* em estado de tranquilidade invernal

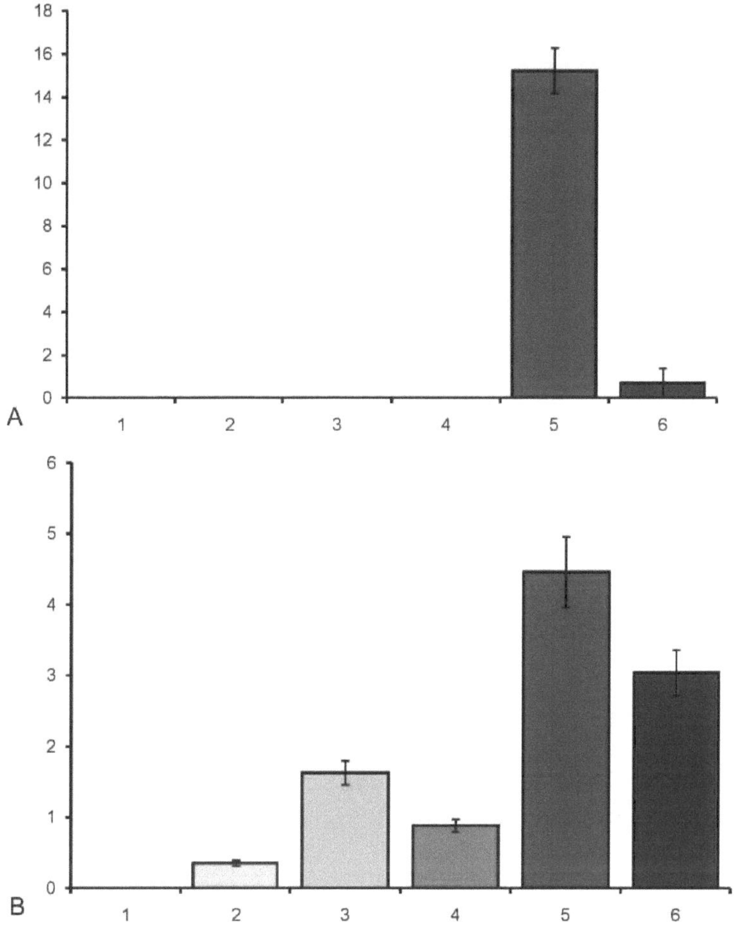

Figura 16. Atividade específica da amilase (em unidades convencionais por 1 mg de peso húmido de tecido) em diferentes partes das peças estudadas no sistema digestivo da *Rapana* num estado de tranquilidade invernal: A - a pH 5,4, B - a pH 7,4; 1 - glândulas salivares, 2 - glândulas salivares acessórias, 3 - corpo de Leiblein com esófago, 4 - glândula carmesim com esófago, 5 - glândula de Leiblein, 6 - hepatopâncreas.

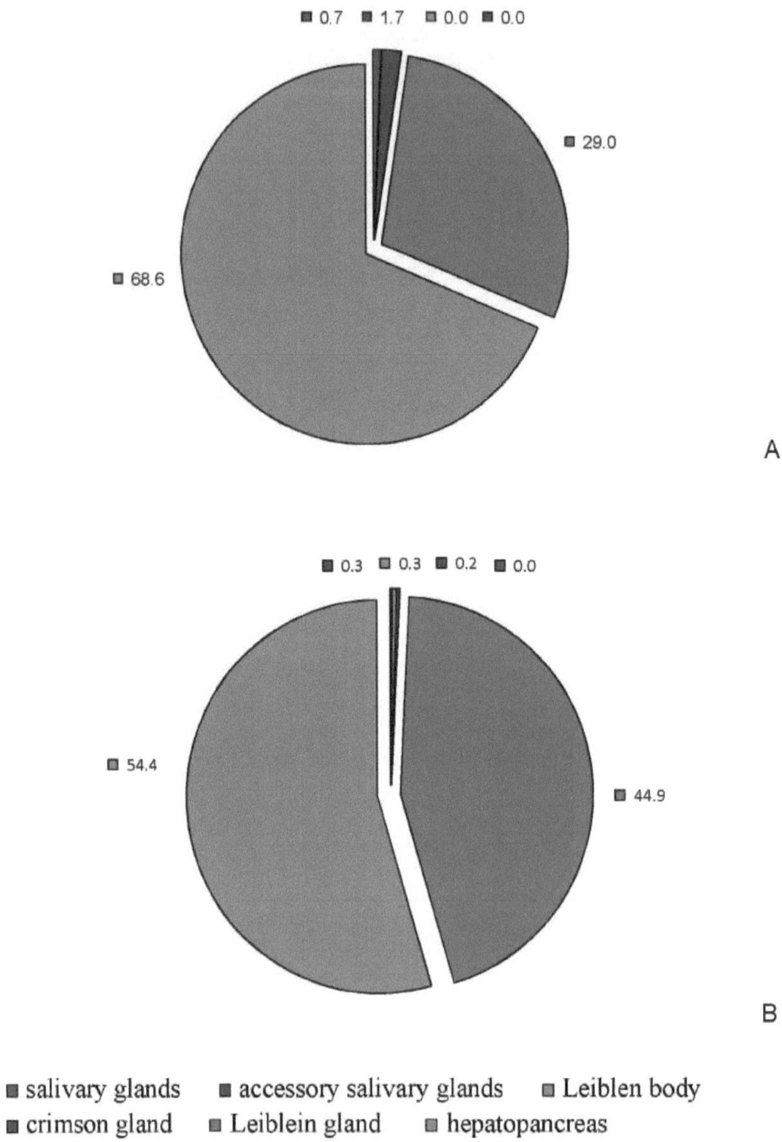

Figura 17. Contribuição (%) dos diferentes corpos de prova na atividade amilásica geral a pH 5,4 e pH 7,4 do sistema digestivo *da Rapana* em estado de tranquilidade invernal

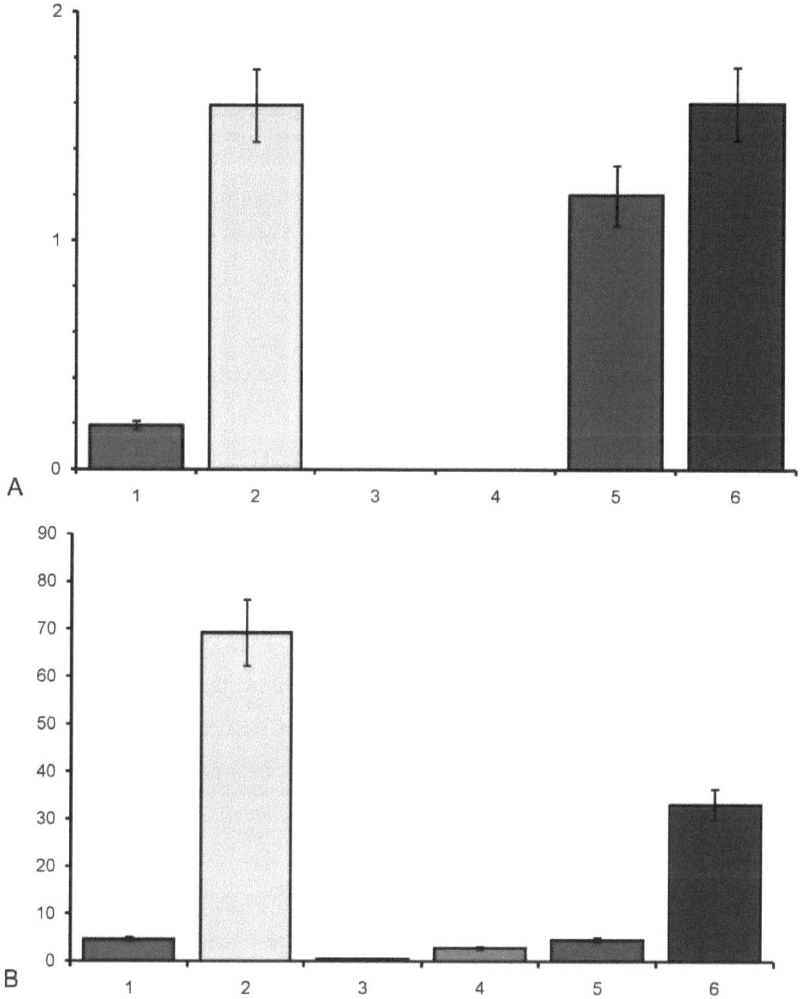

Figura 18. Atividade específica da esterase (em unidades convencionais por 1 mg de peso húmido de tecido) em diferentes partes das peças estudadas no sistema digestivo da *Rapana* num estado de tranquilidade invernal: A - a pH 4,6, B - a pH 7,0; 1 - glândulas salivares, 2 - glândulas salivares acessórias, 3 - corpo de Leiblein com esófago, 4 - glândula carmesim com esófago, 5 - glândula de Leiblein, 6 - hepatopâncreas

Sabe-se que para o búzio rapa, como para a maioria dos moluscos, o glicogénio é a principal fonte de energia *[Саенко,* 2008]. Mas, provavelmente, devido aos baixos custos de energia durante o período de inverno, não há necessidade de alta atividade de α-amilases.

No sistema digestivo dos indivíduos "invernais" de búzios rapa, a atividade das esterases ácidas e neutras (Fig. 18), dos dois tipos de fosfatase (Fig. 20) e das tiamina pirofosfatases (Fig. 22) é nitidamente reduzida. Este facto pode ser explicado pela redução das necessidades energéticas dos moluscos no inverno. A distribuição destas actividades enzimáticas varia nos diferentes órgãos (Fig. 19, 21, 23). De entre as caraterísticas mais significativas, é de salientar: uma diminuição significativa destas actividades na glândula de Leiblein e no hepatopâncreas e um aumento significativo da atividade da esterase (pH 7,0) nas glândulas salivares acessórias.

Em indivíduos de *Rapana*, que foram coletados no inverno, a atividade da lipase não foi detectada. Os lípidos são o principal material plástico e têm uma importância secundária nos custos energéticos *[Саенко*, 2008]. Mas o seu conteúdo no corpo do molusco é extremamente insignificante em comparação com o conteúdo de proteínas e, principalmente, de glicogénio. A diferença atinge de um a vários milhares de expoentes, respetivamente *[Саенко*, 2008; *Битюнская и др.*, 2009]. É possível que no inverno, quando não há necessidade de reações intensas de síntese, o búzio rapa retenha substâncias importantes para si.

Assim, apesar da diminuição da atividade do búzio rapa no inverno, o sistema digestivo do molusco continua a "trabalhar". Muito provavelmente existe uma atividade enzimática necessária para manter o nível definido de atividade vital no estado de repouso invernal e preparar-se para o próximo período de vida ativa da *Rapana [Саенко*, 2008; *Битюнская и др.*, 2009; *Палавандишвили*, 2009]. Assim, pode-se concluir que uma diminuição quase completa da atividade fisiológica do sistema digestivo do búzio rapa durante o período de descanso de inverno não está ligada a uma diminuição total e uniforme da atividade bioquímica de suas células. Como se pode ver, esta alteração não é total, mas manifesta-se de diferentes formas. O próximo capítulo tenta analisar os mecanismos que provocam as alterações observadas.

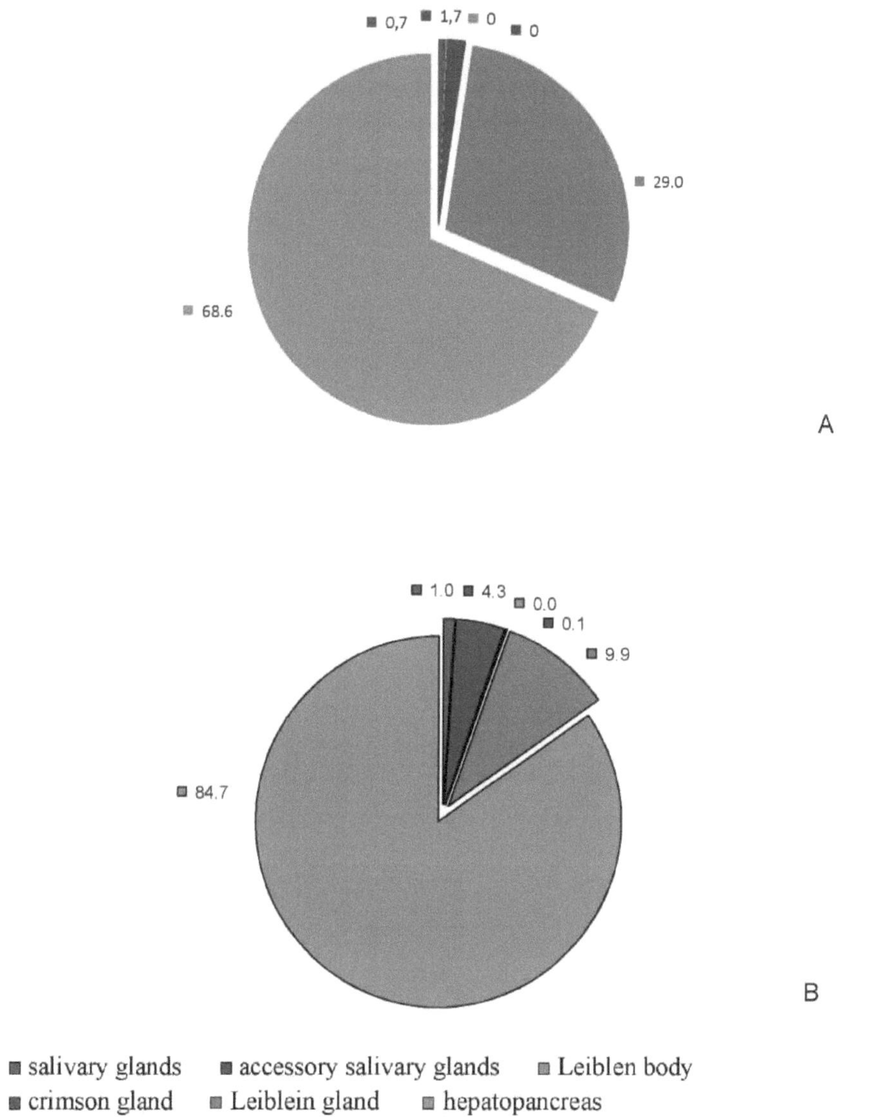

Figura. 19. Contribuição (%) dos diferentes corpos de prova na atividade geral de esterase a pH 4,6 e pH 7,0 do sistema digestivo *da Rapana* em estado de tranquilidade invernal

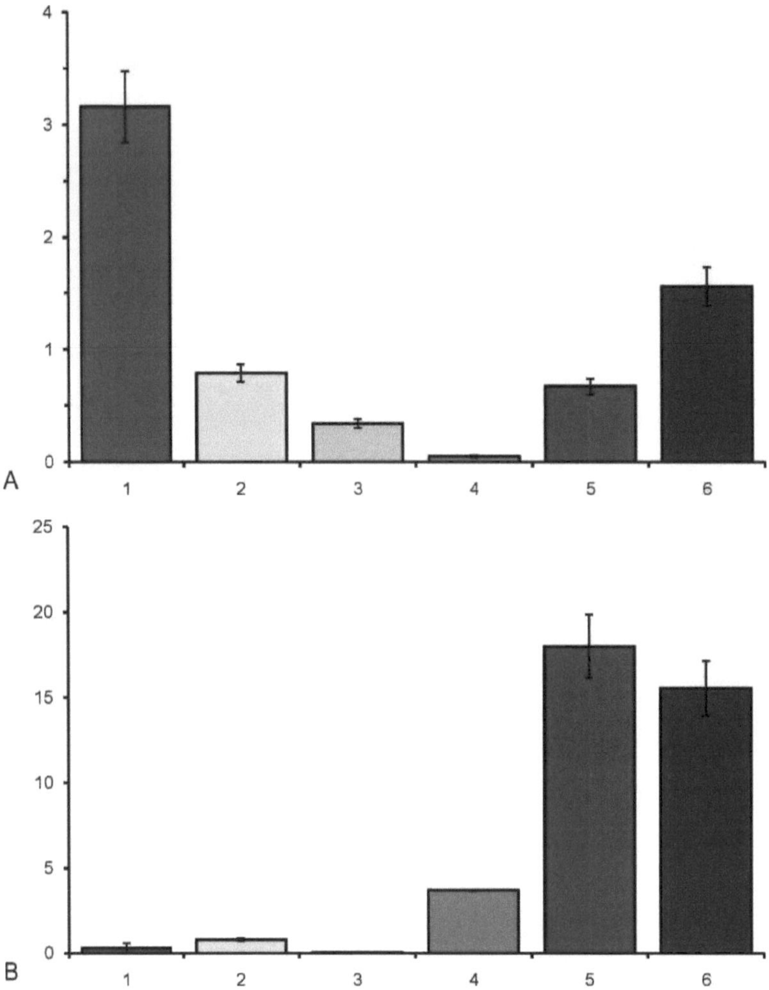

Figura 20. Atividade de fosfatase específica (em unidades convencionais por 1 mg de peso húmido de tecido) em diferentes partes das peças estudadas no sistema digestivo de *Rapana* num estado de tranquilidade invernal: A - a pH 4,6, B - a pH 8,9; 1 - glândulas salivares, 2 - glândulas salivares acessórias, 3 - corpo de Leiblein com esófago, 4 - glândula carmesim com esófago, 5 - glândula de Leiblein, 6 - hepatopâncreas

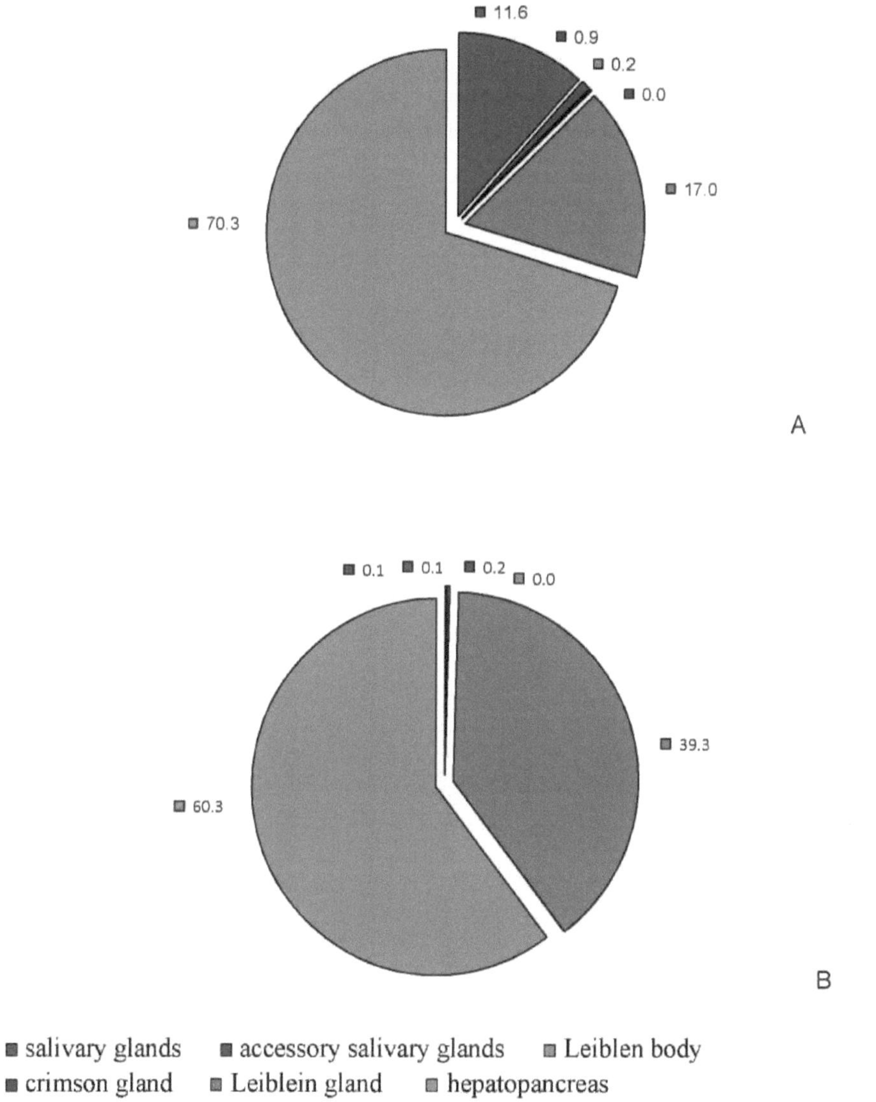

Figura 21. Contribuição (%) dos diferentes corpos de ensaio na atividade de fosfatase geral a pH 4,6 e pH 8,9 do sistema digestivo *da Rapana* em estado de tranquilidade invernal

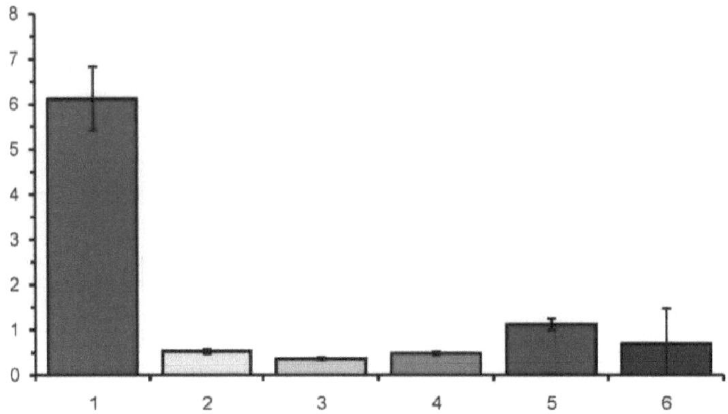

Figura 22. Atividade específica da tiamina fosfatase (em unidades convencionais por 1 mg de peso húmido de tecido) em diferentes partes das partes estudadas do sistema digestivo da *Rapana* num estado de tranquilidade invernal; 1 - glândulas salivares, 2 - glândulas salivares acessórias, 3 - corpo de Leiblein com esófago, 4 - glândula de Leiblein com esófago, 5 - glândula de Leiblein, 6 - hepatopâncreas

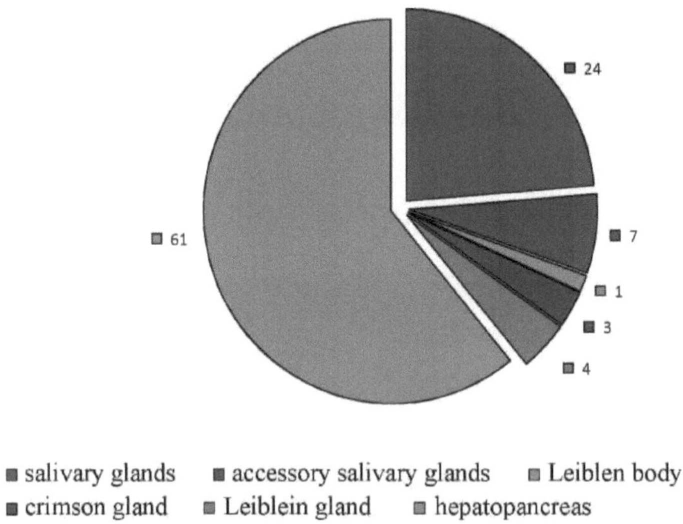

Figura 23. Contribuição (%) dos diferentes corpos de ensaio na atividade geral da tiamina fosfatase do sistema digestivo *da Rapana* num estado de tranquilidade invernal

Caraterísticas do controlo genético das enzimas hidrolíticas das glândulas digestivas de Rapana

Como se pode ver nos electroforogramas apresentados neste trabalho, cada parte do sistema digestivo *da Rapana* difere entre si não só na sua atividade total de hidrolases, mas também no número de formas moleculares múltiplas de enzimas, na sua localização e na gravidade específica do espetro.

As distinções reveladas indicam não só a existência de uma diferença no número de formas moleculares de enzimas nos vários órgãos. Os dados obtidos indicam que, consoante o estado fisiológico dos organismos (no verão ou no inverno), o número de formas moleculares de hidrolases pode variar nos mesmos órgãos. Os dados são apresentados na Fig. 24. Apenas em quatro casos se verificou a coincidência do número de formas moleculares de enzimas em indivíduos de estados fisiológicos diferentes: proteinase ácida na glândula de Leiblein e no hepatopâncreas, fosfatase ácida no corpo de Leiblein, tiamina pirofosfatase nas glândulas salivares. Na maioria dos outros casos, os moluscos em estado de repouso invernal apresentavam uma variação muito menor no espetro das enzimas do que os indivíduos activos. As excepções são as glândulas salivares e as glândulas salivares acessórias, nas quais a variedade de formas de fosfatase ácida aumenta nos indivíduos "invernais" de búzios rapa. É interessante o facto de estas glândulas, bem como o corpo de Leiblein, se situarem no início do sistema digestivo dos búzios rapa. Sabe-se que uma certa proporção de fosfatases ácidas pertence a enzimas lisossómicas. É difícil explicar agora quais são as alterações no funcionamento destas estruturas intracelulares na parte inicial do sistema digestivo no inverno.

Pode assumir-se que as formas moleculares das enzimas (pelo menos algumas delas, que estão a funcionar no inverno) são constitutivas (Figura 24). Ou seja, desempenham as funções necessárias para assegurar os processos básicos da atividade vital das células. O estudo das propriedades das formas destas enzimas pode ser de grande interesse não só para esclarecer a atividade do sistema digestivo *da Rapana*, mas também para compreender o funcionamento geral das células em estado de hipobiose.

Cada forma molecular individual pode ser considerada um traço específico, determinado por um gene estrutural (alelo), ou por vários genes (estruturais, reguladores e genes/genes, que são responsáveis pela modificação da proteína primária). Assim, o espetro de uma enzima é o resultado da interação de um complexo de genes e respectivos alelos. Assim, de acordo com as caraterísticas de um complexo de formas moleculares de uma determinada enzima, tornou-se possível, até certo ponto, julgar as caraterísticas do controlo genético da sua expressão.

Com base nos resultados obtidos, pode presumir-se que todos os determinantes genéticos que controlam a expressão de determinadas isoformas de enzimas não funcionam em vários órgãos do sistema digestivo *da Rapana*. Isto é apoiado pelo número diferente de formas múltiplas de enzimas nos espectros, que foram observadas pela análise electroforética de hidrolases na maioria das partes do sistema digestivo (Quadro 1).

No entanto, dado o número igual de formas moleculares, é difícil tirar conclusões fundamentadas sobre as caraterísticas do controlo genético da expressão das enzimas em órgãos individuais. Nestes casos, podem ser obtidas informações importantes utilizando o coeficiente de diversidade interna (complexidade informativa) dos espectros *KD* [*Toptikov et al.*, 2010]. O índice *KD* depende do número de formas no espetro da proteína e da sua percentagem no espetro e não depende dos valores absolutos da sua atividade.

Do ponto de vista genético, este indicador reflecte a complexidade do sistema genético que determina a formação da caraterística. A complexidade do sistema genético é entendida da seguinte forma: 1) o número e a expressividade dos genes estruturais, 2) o número e a expressão dos genes reguladores que controlam a expressão dos genes estruturais, 3) o número e a expressividade dos genes que controlam a modificação primária das proteínas e 4) o tipo e o grau de interação de certos genes do sistema genético. Na nossa opinião, os pontos anteriores determinam os sinais de cada espetro específico da enzima, ou seja, indicam as peculiaridades do controlo genético da expressão das enzimas.

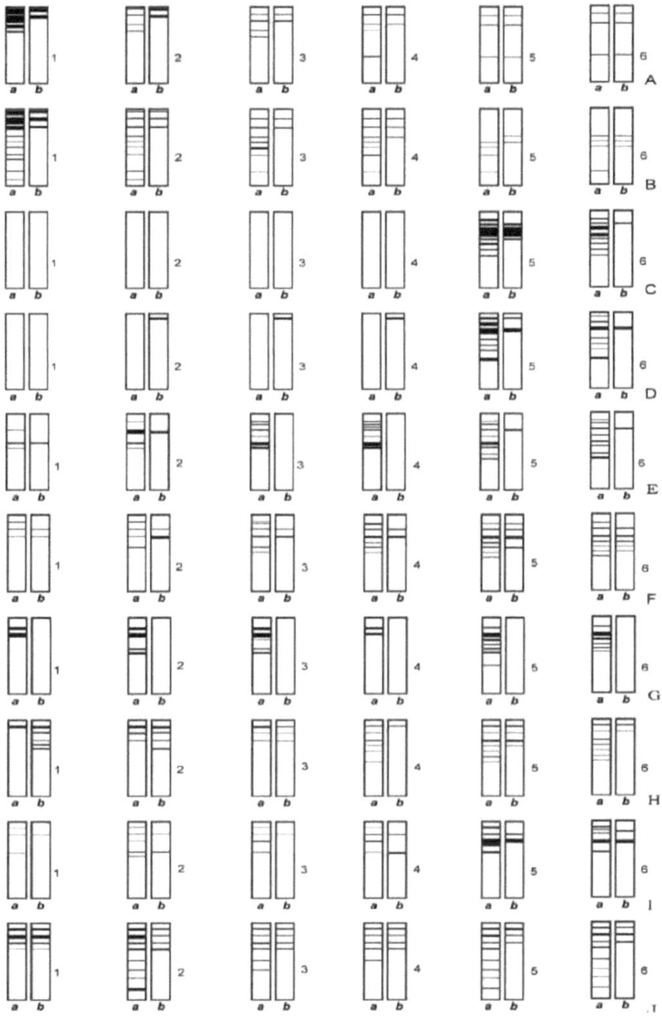

Figura 24. Comparação dos espectros das enzimas dos órgãos investigados de búzios rapa no período ativo da vida (a) e no estado de tranquilidade invernal (b): 1 - glândulas salivares, 2 - glândulas salivares acessórias, 3 - corpo de Leiblein, 4 - glândula carmesim, 5 - glândula de Leiblein, 6 - hepatopâncreas A - proteinases ácidas, B - proteinases alcalinas, C - amilases a pH 5.4, D - amilases a pH 7,4, E - esterases a pH 4,6, F - esterases a pH 7,0, G - lipases, H - fosfatases ácidas, I - fosfatases alcalinas, J - tiamina pirofosfatases

A Tabela 1 mostra que, em alguns casos, apesar do mesmo número de formas múltiplas das enzimas e da semelhança da sua localização nos espectros, o que indica o funcionamento dos mesmos genes estruturais, existe uma diferença entre os valores do coeficiente *KD*. A aproximação do valor do índice *KD* do espetro ao máximo possível será indicativa de uma contribuição aproximadamente igual de diferentes determinantes genéticos para a formação da caraterística, no nosso caso o espetro específico da enzima. Inversamente, se o valor de *KD* se desviar do máximo, pode-se julgar uma certa predominância de um determinante (ou parte dele) no controlo das caraterísticas do traço (espetro). O valor zero de *KD* tem espectros indiferenciados, nos quais existe apenas uma forma da enzima - ou seja, apenas um gene funciona.

O índice de dominância relativa *d* está intimamente relacionado com o índice de complexidade da informação *KD*. O índice de dominância relativa permite avaliar, em geral, as caraterísticas da interação dos determinantes genéticos na formação da caraterística, ou seja, o espetro desta enzima. Reflecte condicionalmente a contribuição dos determinantes individuais para a manifestação do traço: para efeitos mais ou menos idênticos $d \rightarrow 0$, para a predominância de um ou de um pequeno grupo de determinantes $d \rightarrow 1$. Este indicador permite comparar as caraterísticas da determinação genética do espetro proteico para diferentes quantidades de formas moleculares.

Diferentes valores do índice *KD* indicam as diferenças na regulação de sistemas genéticos relevantes em vários órgãos, mesmo no caso do mesmo número de formas de enzimas. Tais diferenças entre órgãos do sistema de digestão do búzio rapa foram observadas para os espectros das proteinases ácidas e alcalinas, amilases, fosfatases alcalinas e tiamina pirofosfatases (Quadro 2).

Os dados da análise comparativa geral dos espectros de enzimas em várias glândulas são apresentados na tabela 2.

É indiscutível que os líderes na formação de uma variedade de enzimas no sistema digestivo do búzio rapa são a glândula de Leiblein e o hepatopâncreas. Isto é evidenciado pelo número máximo de formas de enzimas, que foram encontradas nestas glândulas, e pelo maior valor do índice de complexidade de informação dos espectros.

Quadro 1

Complexidade de informação dos espectros de hidrolases nos órgãos estudados do sistema digestivo da *Rapana* em diferentes estações do ano

Hydrolases	Glandular organs:					
	salivary glands	accessory salivary glands	leiblein body	crimson gland	leiblein gland	hepato-pancreas
1	2	3	4	5	6	7
Acidic proteinases	4.20±0.55† [8.00], 0.48	3.14±0.35† [8.00], 0.61	4.34±0.41 [8.00], 0.46	6.46±0.67† [8.00], 0.19	2.03±0.29 [4.75], 0.57	2.25±0.36 [4.75], 0.53
	1.08±0.11 [2.00], 0.46	***1.24±0.14*** [2.00], 0.38	***1.65±0.18*** [2.00], 0.18	***1.31±0.14*** [2.00], 0.35	***2.98±0.32*** [4.75], 0.37	***5.50±0.49*** [8.00], 0.31
Alkaline proteinases	13.37±3.28 [33.22], 0.60	10.10±2.51 [28.53], 0.65	9.28±2.02 [19.65], 0.53	9.39±1.81 [19.65], 0.52	5.63±0.85 [8.00], 0.30	5.38±0.95 [8.00], 0.33
	1.97±0.20^{+} [4.75], 0.59	***2.27±0.31*** [4,75], 0.52	***1.15±0.13*** [2.00], 0.43	***2.66±0.37*** [4.75], 0.44	***1.39±0.15*** [2.00], 0.31	***3.39±0.36***$^{+}$ [4.75], 0.29
Amylases, pH 5.4	—	—	—	—	12.28±1.60* [24.00], 0.49	6.72±1.10* [24.00], 0.72
	—	—	—	—	***2.96±0.32*** [4.75], 0.38	***0.00***
Amylases, pH 7.4	—	—	—	—	8.44±0.83 [19.65], 0.57	9.66±0.69 [19.65], 0.51
	0.00	***0.00***	***0.00***	***0.00***	***1.04±0,12*** [2.00], 0.48	***0.00***
Esterases, pH 7.0	2.60±0.42 [4.75], 0.45	2.45±0.20 [8.00], 0.69	3.92±0.31 [15.51], 0.75	3.91±0.29 [19.65], 0.80	11.15±2.00 [24.00], 0.54	9.57±1.61 [24.00], 0.60
	1.93±0.20^{++} [2.00], 0.04	***1.10±0.12***$^{++}$ [2.00], 0.45	***1.33±0.12*** [2.00], 0.34	***1.18±0.12***$^{++}$ [2.00], 0.41	***6.42±0.69*** [8.00], 0.20	***6.71±0.70*** [11.61], 0.42

Continuação do quadro 1

1	2	3	4	5	6	7
Esterases, pH 4.6	1.26±0.29 [4.75], 0.74 ***0.00***	3.28±0.39 [8.00], 0.59 ***0.00***	5.19±0.68 [15.51], 0.67 —	6.70±0.48 [15.51], 0.57 —	4.07±1.08 [19.65], 0.28 ***0.00***	13.05±1.84 [19.65], 0.34 ***0.00***
Lipases	1.68±0.12 [2.00], 0.16	5.44±0.21 [8.00], 0.32	7.16±0.62 [11.61], 0.38	1.83±0.11 [2.00], 0.09	4.81±1.61 [24.00], 0.38	13.99±0.64 [19.65], 0.29
	—	—	—	—	—	—
Acidic phosphatases	0.00	2.50±0,39 [4.75], 0.47	2.79±0.37 [4.75], 0.41	6.10±0.73 [11.61], 0.47	9.78±0.57 [19.65], 0.50	9.58±0.80 [19.65], 0.51
	6.56±0.69 [11.61], 0.43	***5.00±0.53*** [8.00], 0.38	***2.53±0.34*** [4.75], 0.47	***0.00***	***4.06±0.42*** [8.00], 0.49	***1.15±0.10*** [2.00], 0.43
Alkaline phosphatases	1.01±0.28 [4.75], 0.79	2.21±0.37** [11.61], 0.81	2.17±0.31^ [8.00], 0.73	2.82±0.47 [8.00], 0.65	5.05±0.65^ [8.00], 0.37	4.00±0.52** [11.61], 0.66
	0.00	***1.98±0.26*** [2.00], 0.01	***0.00***	***1.50±0.16*** [2.00], 0.25	***1.42±0.16*** [2.00], 0.29	***1.97±0.43*** [2.00], 0.02
Thiamine pyrophos-phatases	6.23±0.17 [8.00], 0.22	13.38±1.03 [24.00], 0.44	7.16±0.62 [15.51], 0.54	10.02±0.79 [11.61], 0.14	11.28±1.25 [24.00], 0.53	10.00±1.01 [24.00], 0.58
	7.29±0.77$^{\times}$ [8.00], 0.09	***5.02±0.13***$^{\times}$ [8.00], 0.37	***7.80±0.68***$^{\times}$ [8.00], 0.03	***7.88±0.90***$^{\times}$ [8.00], 0.02	***4.54±0.11*** [4.75], 0.04	***4.28±0.11*** [4.75], 0.10

Nota: A linha superior de cada célula da tabela mostra os valores do coeficiente do espetro de diversidade interna *KD* no período verão-outono, a linha inferior em negrito e itálico - no inverno; ↑, *, ^, **, ,$^{+\times}$ - a diferença entre os valores correspondentes de *KD* é confiável; - - nenhuma enzima detectada, *KD* não detectada; colchetes indicam o valor máximo possível do índice *KD* em um determinado número de formas múltiplas no espetro; o valor do indicador de dominância relativa está sublinhado

Esta conclusão está de acordo com a afirmação bem conhecida sobre o papel principal do hepatopâncreas nos processos metabólicos dos moluscos. A glândula de Leiblein bem desenvolvida é inerente apenas aos Muricidae, especialmente à *Rapana* [Иванов и др., 1985]. É possível que esta glândula não só desempenhe um papel importante na digestão, como também seja importante noutras reacções metabólicas associadas ao modo de vida predatório específico destes moluscos [*Чухчин*, 1970]. Assim, a variedade de enzimas e suas formas na glândula de Leiblein pode ser facilmente relacionada com a variedade de funções que este órgão desempenha.

Quadro 2

Avaliação geral das glândulas pelos seus espectros enzimáticos

Sistema digestivo das partes da *Rapana*	Indicadores de espetro					
	Número médio de todas as formas moleculares de enzimas		Valor médio da complexidade da informação do indicador do espetro *KD*		Valor médio do índice de dominância relativa *d*	
	verão	inverno	verão	inverno	verão	inverno
Glândulas salivares	3.00±0.91	1.80±0.55	3.58±1.59	2.35±1.04	0.49±0.09	0.32±0.11
Glândulas salivares acessórias	4.10±0.91	1.90±0.46	5.31±1.48	2.08±0.70	0.57±0.06	0.35±0.07
Corpo de Leiblein	4.10±0.78	1.50±0.43	5.25±0.86	2.07±1.01	0.56±0.05	0.29±0.08
Glândula carmesim	4.00±0.82	1.50±0.43	5.90±1.04	1.86±1.07	0.43±0.09	0.29±0.08
Glândula de Leiblein	6.40±0.62	2.40±0.40	9.45±1.31	2.76±0.67	0.45±0.03	0.32±0.05
Hepatopâncreas	6.40±0.56	2.10±0.46	8.32±1.15	2.90±0.83	0.51±0.05	0.26±0.07
Todas as glândulas	**4.67±0.35**	**1.87±0.18** p < <0.001	**6.50±0.57**	**2.37±0.35** p < <0.001	**0.50±0.02**	**0.31±0.03** p < <0.001
Variação de indicadores, %	25 %	23 %	34 %	18 %	61 %	55 %

Nota: no cálculo do valor médio do expoente *d* não foram tidos em conta os espectros das enzimas, que tinham apenas uma forma molecular; p - o nível de fiabilidade das diferenças entre os indicadores no verão e no inverno

Uma comparação dos espectros das enzimas *Rapana* para diferentes estados de atividade fisiológica mostrou (Quadros 1 e 2) que no inverno a variedade de enzimas como um todo diminui significativamente: 2,5 vezes o número médio de formas moleculares de enzimas diminui. O valor do índice de complexidade da informação do espetro *KD* diminui quase três vezes.

É de notar que, no inverno, a diferença entre as glândulas do sistema digestivo é nivelada, como evidenciado por uma diminuição dos coeficientes de variação dos espectros (Quadro 2). É possível que, num estado de repouso invernal, a síntese apenas das formas de enzimas necessárias para assegurar um nível mínimo de atividade vital se mantenha. A diminuição, no inverno, do índice de dominância relativa *d* (quadros 2 e 3) pode significar que permanecem activos determinantes genéticos que funcionam mais ou menos com base na paridade.

♦♦♦♦♦♦♦♦♦

CONCLUSÃO

A investigação indica que o sistema digestivo *da Rapana* é complexo e diversificado, não só do ponto de vista morfológico, mas também do ponto de vista bioquímico. Os seus diferentes departamentos sintetizam um conjunto de hidrolases, proporcionando uma digestão eficiente dos alimentos através de vários meios de digestão.

A intensa atividade proteolítica das glândulas salivares pode proporcionar a digestão extra-intestinal, bem como a proteopepsia da cisterna, juntamente com as proteinases de outras glândulas. A análise inibitória mostrou que a atividade proteolítica nas glândulas salivares e acessórias do búzio rapa está principalmente relacionada com as metaloproteinases. É possível que as metaloproteinases das glândulas salivares da *Rapana* estejam envolvidas tanto na digestão das proteínas como contribuam para o amolecimento do corpo da vítima. Isto facilita o trabalho do aparelho de rádula do predador. As amilases da glândula de Leiblein e do hepatopâncreas contribuem para a absorção de hidratos de carbono. Várias formas de lipases, esterases e fosfatases de todas as estruturas glandulares efectuam a digestão de triglicéridos e compostos com ligações éster. As esterases ácidas, as fosfatases ácidas e as proteinases ácidas podem também participar na digestão intracelular. Assim, *a Rapana* revela plenamente o tipo de digestão do princípio do transportador (segundo I. P. Pavlov), que é entendido como uma cadeia de fases sucessivas de trituração (decomposição física) e amolecimento dos alimentos, degradação dos nutrientes, sua absorção e transporte para outros tecidos do organismo.

Como decorre dos resultados obtidos, a glândula de Leiblian e o hepatopâncreas estão envolvidos não só na digestão dos componentes alimentares. A distribuição específica das actividades da tiamina pirofosfatase e da fosfatase indica que estes órgãos do sistema digestivo *da Rapana* desempenham um papel importante nos processos de secreção e excreção. Provavelmente, através destes processos, o corpo de Leiblein e o hepatopâncreas fornecem a nutrição de outras estruturas corporais do molusco (através do sistema circulatório) e a remoção de produtos metabólicos desnecessários e tóxicos.

O sistema digestivo da *Rapana* também é diferenciado em termos genéticos. Com base no coeficiente de complexidade de informação do espetro e no índice de dominância relativa *d*, é possível fazer algumas suposições sobre o controlo genético da expressão das enzimas hidrolíticas.

Durante a ontogénese dos moluscos, os indivíduos e as alterações do seu estado fisiológico, os sistemas de determinantes genéticos específicos dos órgãos que controlam a síntese de enzimas hidrolíticas formam-se em diferentes partes do sistema digestivo. Por um lado, os vários órgãos do sistema digestivo *de Rapana* diferem entre si pelo número de genes estruturais funcionais, o que leva a um conjunto especial de isoformas para cada órgão. Isto pode ser feito através da repressão e/ou eliminação de alguns dos genes estruturais. Por outro lado, os diversos sistemas reguladores que controlam os genes estruturais das enzimas e os genes responsáveis pela modificação pós-traducional das proteínas formam-se em diferentes partes do sistema digestivo. Isto leva a uma expressividade diferente das múltiplas formas de enzimas disponíveis e a uma especificidade desigual das isoformas em relação ao substrato, como foi demonstrado, nomeadamente, no caso das esterases.

As nossas suposições baseiam-se no princípio da análise dos espectros electroforéticos das proteínas das caraterísticas específicas dos órgãos da determinação genética das hidrolases e das alterações no controlo genético das enzimas que dependem do nível de atividade dos moluscos. É significativo que as nossas suposições estejam de acordo com os resultados obtidos com a ajuda de outros métodos. Assim, os investigadores chineses mostraram as alterações dos perfis de compostos orgânicos de baixo peso molecular [*Hao Song et al., 2016a*] e de proteínas [*Hao Song et al., 2016b*] durante a metamorfose da *Rapana*. Alterações na expressão de muitos genes estruturais e reguladores em vários órgãos e no decurso do desenvolvimento inicial dos indivíduos foram estabelecidas por estes autores [*Hao Song et al., 2016c, 2016d, 2017*].

Agradecimentos. Os autores gostariam de agradecer a Daria Antonenko pela sua amável ajuda na tradução do texto para inglês.

♦♦♦♦♦♦♦♦♦

REFERÊNCIAS

1. *Барнс Р., Кейлоу* П., *Олив* П., *Голдинг* Д.Беспозвоночные :Новый обобщенный подход. Пер. с англ. - М.: Мир, 1992. - 583 с.

2. *Битюнская О.Е., Лавриненко О.И., Борисова Л.П.* Биохимические особенности и биологическая ценность брюхоного моллюска - *Rapana thomasiana* // Труды ЮгНИРО. - 2009. - Т. 47. - С. 222-231.

3. *Драпкин Е.И.* Новый моллюск в Черном море // Природа. - 1953. - № 9. - С. 92 - 95.

4. *ГаевскаяА.В.* Паразиты, болезни и вредители мидий (*Mytilus*, Mytilidae). II. Моллюски (Mollusca). Севастополь: ЭКОСИ-Гидрофизика, 2006. - 100 с.

5. *Заика В.Е., Сергеева Н.Г., Колесникова Е.*А. Вселенцы в донной макрофауне Черного моря: Распространение и влияние на сообщества бентали // Морський еколопчний журн. - 2010. - IX, № 1. - С. 5-7.

6. *Иванов А.И., РуденкоВ.И.* Интесивность питания рапаны (*Rapana thomasiana* Grose) в зависимости от размеров тела и сезонов года // Труды Азово-Черноморского института морского рыбного
хозяйстваи

океанографии. - 1969. - Вып. 26 - С. 167-172.

7. *Иванов А.В., Полянский Ю.И., Стрелков А.*А. Большой практикум по зоологи беспозвоночных: Учеб. пособие для студ. биол. спец. ун-тов. В 3-х ч. Ч. 3. - М.: Высш. шк., 1985. - 390 с.

8. *Кантор Ю.И.* Биологические и исторические тайны рапаны // Природа, 2003. - № 5. - С. 32-34.

9. *Канцерова Н.П.* Ca^{2+} -зависимые протеолитические ферменты некоторых водных беспозвоночных и рыб. Автореф. дис. ... канд. биол. наук. - Петрозаводск, 2011. - 23 с.

10. *Конин Д.*Н. Изучение комплекса протеолитических ферентов при воздействии токсикантов различной химической структуры в печени живородки речной. Автореф. дис. ... канд. биол. наук. - Москва, 2011. - 21 с.

11. *Куракин А.П., Говорин ИА.* Интенсивность потребления мидий рапаной *Rapana venosa* в Северо-Западной части Черного моря // Гидробиол. журн. - 2011. - Т. 47, № 4.

- С. 15-22.

12. *Литвинова О.А. Разработка* технологии ферментного препарата из моллюска дрейссена (*Dreissena polymorpha* Pollas). Автореф. дис. ... канд. техн. наук. - Калининград, 2009. - 26 с.

13. *Михаилов В.В., Литвиненко Н.М. Особенности* распределения и запасы рапаны - *Rapana thomassiana* возле Крымского побережья Керченского пролива. Тез. докл. междунар. семинара (Мурманск, 19-21 марта 2003 г.). - Мурманск: ММБИ КНЦ РАН, 2003. - С. 54-56.

14. *Палавандишвили* Н. Химический состав черноморской рапаны *Rapana thomasiana thomasiana* (Molluska, Gastropoda) // Zoogenosis. - 2009.V Международная научная конференция. Биоразноообразие и роль животных в экосистемах. 12-16 октября 2009 г., Днепропетровск. - Днепропетровск: Лира. - 2009. - С. 76-77.

15. *Пивненко Т.*Н. Сравнительные исследования панкреатических сериновых протеиназ гидробионтов Тихого океана. Автореф. дис. ... докт. биол. наук. - Владивосток, 1998. - 41 с.

16. *Резников В. А.* Химия азотсодержащих органических соединений: Учеб. пособие. - Новосибирск: Изд-во Новосибир. ун-та, 2006. - 130 с.

17. *Рудакова Н.Л.* Новая секретируемая металлоэндопептидаза *Bacillus intermedius*. Автореф. дис. ... канд. биол. наук - Казань, 2010. - 24 с.

18. *Саенко Е.*М. Динамика биохимических показателей тканей рапаны (*Rapana thomasiana*) в различные периоды годового цикла // Вопросы рыболовства. - 2008. - 9, № 4 (36). - С. 788-796.

19. *Саенко Е.*М. Динамика биохимических показателей тканей рапаны *(Rapana thomasiana*) в различные периоды годового цикла // Вопросы рыбоводства. - 2008. - Т. 9, № 4(36). - С. 788 - 796.

20. *Сироткин В.А.* Избранные главы к лекционному курсу "Биофизическая химия". - Казань: Изд-во Казан. ун-та, 2011. - 51 с.

21. *Соловьева Н.И Основные* металлопротеиназы соединительно-тканного матрикса // Биоорганическая химия. - 1994. - Т. 20, № 2. - С. 143-152.

22. *Студеникина Е.И., Фроленко Л.*Н. Характеристика и запас *Rapana thomassiana* в северо-восточной части Черного моря. Тез. докл.\'1 Всерос. конф. по промысл. беспозвоночным. - М.: ВНИРО, 2002. - С. 177-188.

23. *Топтиков В.А., Дьяченко Л.Ф., Тоцкий В.Н. Оценка* спектров множественных форм ферментов с помощью показателя уровня внутреннего разнообразия системы // Цитология и генетика. - 2010. -Т. 44, № 1. - С. 46-53.

24. *Уголев А.М.* Естественные технологии биологических систем. Ленинград: Наука, 1987. - 317 с.

25. *Химический состав* пищевых продуктов. Кн. 2: Справочные таблицы содержания аминокислот, жирных кислот, витаминов, макро- и микроэлементов, органических кислот и углеводов. Под ред. проф., д-ра техн. наук И. М. Скурихина и проф., д-ра мед. наук М. Н. Волгарева. - 2-е изд., перераб. и доп. - М.: Агропромиздат, 1987. - 360 с.

26. *Чухчин В.*Д. Функциональная морфология рапаны. К.: Наукова думка, 1970. - 138 с.

27. *Чухчин В.*Д. Экология брюхоногих моллюсков Черного моря. - К.: Наукова думка, 1984. - 176 с.

28. *Шадрин Н.В., Афанасова Т.*А. Питание и распределение *Rapana venosa* (Vallenciennes, 1846) в акватории Опукского заповедника (Восточный Крым, Черное море) // Морський еколопчний журнал. - 2009. - Т. 8, № 2. - С. 24.

29. *Burstone M.S.* Enzyme histochemistry and its application in the study of neoplasms (Histoquímica enzimática e sua aplicação no estudo de neoplasias). - Nova Iorque-Londres: Academic Press, 1962. - 621 p.

30. *Chandler E.A., McDowell J.R., Graver J.E.* Populações invasoras geneticamente monomórficas do búzio rapa, *Rapana venosa* // Molecular Ecology. - 2008. - № 17 - P. 4079-4091.

31. *Davis B.I.* Elektroforese de disco. 2. Método e aplicação às proteínas do soro humano // Ann. N.Y. Acad. Sci. - 1964. - 121, № 2. - P. 404-427.

32. *Deryugina E.I., Quigley J.P.* Pleiotropic roles of matrix metalloproteinases in tumor angiogenesis: contrasting, overlapping and compensatory functions // Biochim. Biophys. Ata. - 2010. - Vol. 1803, № l. - P. l03-120.

33. *Fielding C.J., Fielding P.E.* Mechanism of salt-mediated inhibition of lipoprotein lipase // Journal of Lipid Research. - 1976. - Vol. 17. - P. 248-256.

34. *Hao Song, Li-Yuan Sun, Zheng-Lin Yu, Li-Na Sun, Dong-Xiu Xue, Tao Zhang, Hai-Yan Wang.* Análise metabólica de larvas competentes e juvenis de búzios rapa *venosa* (*Rapana venosa*) // Mar. Biol. - 2016a. - doi: 10.1007/s00227-016- 2919-6.

35. *Hao Song, Hai-Yan Wan e Tao Zhang.* Análise proteómica abrangente e quantitativa de proteínas relacionadas com a metamorfose no búzio *Rapana venosa* //J. Mol. Sci. - 2016b. - 17(6). - P. 924-939.

36. *Hao Song, Zheng-Lin Yu, Li-Na Sun, Yan Gao, Tao Zhang, Hai-Yan Wang.* Sequenciamento e análise de novo trancriptoma de *Rapana venosa* de seis diferentes estágios de desenvolvimento usando Hi-seq 2500 // Comparative Biochemistry and Physiology, Part D. - 2016c. - 17. - P. 48-57.

37. *Hao Song, Zheng-Lin Yu, Dong-Xiu Xue, Tao Zhang e Hai-Yan Wang.* Transcriptomic analysis of differentially expressed genes during larval development of *Rapana venosa* by digital gene expression profiling // G3 - Gene, Genomes, Genetics. - 2016d. - Vol. 6, Yuly. - P. 2181-2193.

38. *Hao Song, Xin Dang, Yuan-Qiu He, Tao Zhang e Hai-Yan Wang.* Seleção de genes housekeeping como controlos internos para análise quantitativa por RT-PCR do búzio rapa *venosa* (*Rapana venosa*) // Peer J. - 2017. - doi: 10.7717/peerj.3398.

39. Conselho *Internacional* para a Exploração do Mar. Alerta de Espécies Exóticas: *Rapana venosa* (búzio com veias). Editado por Roger Mann, Anna Occhipinti e Juliana M. Harding. Relatório de Investigação Cooperativa do CIEM, 2004. - Vol. 264. - 14 p.

40. *Korn E.D.* Clearing fator, uma lipase lipoproteica activada por heparina. I. Isolamento e caraterização da enzima do coração normal do rato // J. Biol. Chem. - 1955. - Vol. 215, № 1. - P.1-14.

41. *Manchenko G.P.* Handbook of detection of enzymes on electrophoretic gels (Manual de deteção de enzimas em géis electroforéticos). - CRC Press LLC, 2003. - 592 p.

42. *Mann R., Harding J.M.* Salinity tolerance of larval *Rapana venosa*: implications for dispersal and establishment of an invading predatory gastropod on the North American Atlantic coast // Biol. Bull. 2003. - Vol. 204. - P. 96-103.

43. *Nagase H., Woessner J.* Matrix Metalloproteinases. // J. Biol. Chem. - 1999. - Vol. 274, № 31. - P. 21491-21494.

44. *Nevorotin A. J.* On the involvement of the Golgi apparatus and GERL in processing of secretion products and some enzyme activities in the rat pituitary mammotroph. J. Cell Sci. - 1980. Vol. 46. - P. 433-54.

45. *Noda K, Nakamura Y, Wakimoto Y, Tanaka T, Kuwahara Y.* Atividade da tiamina pirofosfatase no aparelho de Golgi dos osteoclastos tratados com calcitonina // J. Electron Microsc (Tokyo). - 1991. - Vol. 40(6). - P. 399-402.

46. *Novikoff A.B., Yam A., Novikoff P.M.* Cytochemical study of secretory process in transplantable insulinoma of Syrian golden hamster // Proc Natl Acad Sci U S A. - 1975. - Vol. 72(11). - P.4501-4505.

47. *Martinez-Rodriguez R., Martinez-Murillo R., Toledano A., Barca M.A.* A comparative histochemical study of diphosphatenucleosidases and thiaminepyrophosphatase in the mammalian hypothalamus // J. Anat. - 1980. - Vol. 130 (Pt 1). - P.173-182

48. *Pena L.B., Tomaro M.L., Gallego S.M.* Efeito de diferentes metais na atividade de protease em cotilédones de girassol // Electronic Journal of Biotechnology. - 2006. - Vol. 9, I. 3. - P.258-262.

49. *Sano S., Matsuda Y., Nakagawa H.* Thiamine pyrophosphatase (nucleoside diphosphatase) in the Golgi apparatus is distinct from microsomal nucleoside diphosphatase //J. Biochem (Tokyo). - 1988. - Vol. 103 (4). - P. 678-81.

50. *Savini D., Occhipinti-Ambrogi A.* Consumption rates and prey preference of the invasive gastropod *Rapana venosa* in the Northern Adriatic Sea // Helgol. Mar. Res. - 2006. - Vol. 60. - P. 153-159.

51. *Sgardieri V.G., Gupte S.M., Kramer D.E., Whitaker J.R.* Ficus enzymes. I. Separação das enzimas proteolíticas dos látices de *Ficus carica* e *Ficus glabrata* // J. Biol. Chem. - 1964. - Vol. 239, N 7 - P. 2170-2177.

52. *Shanmei Zou, Qi Li, Lingfeng Kong.* Dados genéticos adicionais e maior amostragem dão novas perspectivas sobre as relações filogenéticas de Neogastropoda, no âmbito do quadro flogénico dos cfenogastropodes // Molecular phylogenetics and evolution. - 2011. - № 61. - P. 425-435.

53. *Shanmei Zou, Qi Li, Lingfeng Kong*. Código de barras multigénico e filogenia de muricídeos (Gastropoda: Neogastropoda) geograficamente disseminados ao longo da costa da China // Mar. Biotechnol. - 2012. - Vol. 14. - P. 21-34.

54. *Snigirov S., Medinets V., Chichkin V., Sylantyev S.* O búzio Rapa controla a estrutura da comunidade demersal ao largo da Ilha Zmiinyi, Mar Negro // Invasões Aquáticas. - 2013. - Vol. 8, I. 3. - P. 289-297.

55. *Toptikov V. A., D'yachenko L. F., Totskii V. N.* Estimativa dos espectros de múltiplas formas moleculares de enzimas utilizando o índice do nível de diversidade interna do sistema // Cytology and Genetics. - 2010. - Vol. 44, I. 1. - P. 37-42

56. *Zolotarev V.* Alterações no ecossistema do Mar Negro relacionadas com a introdução de novas espécies de moluscos // PSZNJ: Mar. Ecologia. - 1996. - Vol. 17 (1 - 3). - P. 227-236.

♦♦♦♦♦♦♦♦♦

MIX
Papier aus verantwortungsvollen Quellen
Paper from responsible sources
FSC® C105338

Printed by Books on Demand GmbH, Norderstedt / Germany